小野酱 著

愿你往事不回首，余生不将就

北京时代华文书局

图书在版编目（CIP）数据

愿你往事不回首，余生不将就 / 小野酱著 . -- 北京 : 北京时代华文书局，2020.6
ISBN 978-7-5699-3487-8

Ⅰ.①愿… Ⅱ.①小… Ⅲ.①女性－人生哲学－通俗读物 Ⅳ.① B821-49

中国版本图书馆 CIP 数据核字（2020）第 002312 号

愿 你 往 事 不 回 首 ， 余 生 不 将 就
YUAN NI WANGSHI BU HUISHOU YUSHENG BU JIANGJIU

著　　者｜小野酱

出 版 人｜陈　涛
策划编辑｜高　磊
责任编辑｜邢　楠　郭玉平
责任校对｜徐敏峰
封面设计｜孙丽莉
封面插画｜Achlys Tsou
版式设计｜段文辉
责任印制｜訾　敬　范玉洁

出版发行｜北京时代华文书局 http://www.bjsdsj.com.cn
　　　　　北京市东城区安定门外大街 138 号皇城国际大厦 A 座 8 楼
　　　　　邮编：100011　电话：010 - 64267955　64267677
印　　刷｜河北京平诚乾印刷有限公司　　电话：0316-6170166
　　　　　（如发现印装质量问题，请与印刷厂联系调换）
开　　本｜880mm×1230mm　1/32　印　张｜8　字　数｜115 千字
版　　次｜2020 年 6 月第 1 版　　　印　次｜2020 年 6 月第 1 次印刷
书　　号｜ISBN 978-7-5699-3487-8
定　　价｜48.00 元

也许这个时代是不耐烦的，立等可取的外卖，简短粗暴的视频，唾手可得的快乐，都让人很难静下来思考。

但总还有小野酱这种冷静思考和营造自己精神世界的人。读她的文章，安静、俏皮、犀利一起扑面而来。

她写出了读书、念诗、看电影、去旅行的安静温柔，也拥有对世俗婚姻和职场修罗场的犀利洞察，连日常的碎碎念都散发着不可多得的灵气。

读这本书，你不但能认识一个"戏谑又认真生活"的小野酱，也能对生活多一些思考。

陈磊

（笔名二混子）
半小时漫画团队创始人

目录

1

职场
三十而立的

2 / 四十不腻的形状

BOOK STORE

3 / 不腻歪的粉红泡泡

1

三十而立的职场

三十而立，四十不腻

你想回到十八岁吗？我不想。

这大概是一个Flag。题面是：你想过什么样的人生？我说：三十而立，四十不腻。有女生改成：三十而丽，四十不腻。大约在她的心底"丽"怕是要比"立"来得容易。那么这里"立"的究竟是什么？

传统价值观是成家立业，就是要有自己从事的一份事业。现代语境里大约是有房有车有老婆有孩子，你得配齐！这应该是狭义语境上的"立"。而我以为，"立"一定是独立三观的树立。独立三观这件事很难吗？很难。它是你对你所向往生活的立意，你想成为什么样的人？这道题特别难，难到有些人活了一把岁数了竟然没有想过这个问题，还有人活了一把岁数了没有想明白这个问题。

2

近来，我照镜子慨叹岁月如白驹过隙，脸上的细纹越来越明晰。但我扪心自问：你真的还想回到十八岁那慌张的岁月吗？答案是：我不想。我好不容易熬到自己活明白的年岁，可以不被谁裹挟，也不用看谁的脸色，不慌不忙又大胆地选择自己想要做的事情，甚至即使明天失业，也会泰然处之，为什么要回到除了一脸胶原蛋白再什么都没有的十八岁？

选择的自由太重要了，知道自己要什么太重要了。

顺手去帮助可以帮助的人，可以演说影响更多的人，可以写书传递一些正向的东西，去从事投资的事情挖掘社会的价值，这些都很美好。

把自己交给时间，做时间的朋友。在想虚度时光的时候虚度时光，在工作的时候高效划分自己的单位时间，以开放的心态去接受世界和自己，打碎自己再去黏合，扩大自己的认知和心的边界。

小学时候老师说，心有多大，舞台就有多大。那个时候我不能理解里面的深刻含义，觉得不过是一碗为了押韵的"鸡汤"。年岁越大，践行的时候，你反思过往，才明白觉得这句话好笑的年岁，是因为心不够大。做时间的朋友，把自己放在人生的时间轴上，你得明白：踏实和运气同样重要，没有那么多一蹴而就的成功，很多事情是需要时间的累积才能达成的。

一个人拥有独立三观多么重要，年轻的时候总觉得自己能改变世界，后来发现自己不被世界改变已经实属不易。年岁越大，发现周围越是趋同的人类，他们相似的皮囊下架着相似的灵魂，他们像一大波僵尸一样向你袭来，如果你被他们咬一口，就会变得跟他们一样。你高歌着："我们不一样。"僵尸们会轻蔑地扔一句："傻×。"

三十的时候没"立"好，到四十的时候就很难"不腻"了。腻是什么？是鸡汤上飘着的油。整个汤看着混沌，得撇去多余的油脂，方显清澈。那层"油"有什么危害呢？首先脑子肯定是拎不清的，对新事物嗤之以鼻，对年轻人的做法不认可。总觉得过去的是对的，过去的才是好的，特别是在剧烈变化的中国，还按照老的方法论操作。人最该保养的真不是皮囊，而是探索世界的好奇心。好奇心没了，真的就是有的人活着他已经"死"了。

让自己"不腻"的方法？我给自己开的方子除了少吃多动，还有保住少年之气，怎么保住少年气？对世界充满敬畏之心。还有很重要的是不倚老卖老，而为老不尊那是万万使不得的。

我有"三不"准则，是我在不多不少的人生岁月里的参悟，一直都很管用，也是自我暗示，百试不爽。

那就是：不将就，不被裹挟，更不惧未来！

喏，给你咯！惊不惊喜，意不意外，开不开心？

4

道理都懂，但还是要践

很多时候，道理我们都懂，但还是要践。这就是你，懂了那么多道理，依然过不好这一生的原因。

我大概到了一个令人讨厌的人生阶段了，就是会因为工作中的一些小事情而发飙的年纪了。电视剧里经常演的一个桥段是中年女领导刚发完火，各路人马就窃窃窣窣地说："哎哟，这是更年期到了吗？"或者"内分泌失调吧？"。

将工作做仔细是我对自己的要求，比如我经常令同事"发指"——PPT字号大小、字体、内容的阐述、图片的排布……我一一指出。有一次同事自信说："我猜你是处女座的！"

岁数越大，越喜欢思考自己到底是什么样的人。我是什么样的呢？我老觉得自己是一个有处女座天蝎座属性的狮子座！这个组合是不是很可怕？

5

一件工作没有闭环是我不能忍的。当遇到那些做事没有闭环的人，常常令我抓狂。一件事能成的时候告知合作的人一声，这样协调沟通的事情，就可以好好跟上了，不能成的时候，告知原因，人、事、物、场到底是哪一环出了问题？这个时候我们能不能有Plan B进行替代？或者完全取消？件件事情有回音，是为了给努力促成这件事情的小伙伴足够的时间去处理突发情况，我最怕的是提前沟通好的事情，突然不能做了，而且当事人还完全不知道情况！

靠谱，变成了这个世界最可贵的品质！

当我们处理事情的时候，能不能多一分思考？协调沟通这件事情的小伙伴，会不会在微信的那头等着你的信息，然后才能完成接下来的工作？有些事情固然没有你赚一百万重要，可能也没有你去取悦大佬们重要，它的蝴蝶效应可能也不容小觑。在沟通对接一些事情的时候，我们可不可以具有一些用户思维，让双方的用户体验都变得好一些，这个在本质上是节约双方的沟通成本的事情。做任何事情的时候，时间成本都是最高的成本，而流程性的工作，只要按照规则一步步去做，其实是很简单的。

在职场有两个能力很重要，一个叫共情能力，另一个叫同理心。共情能力是说，深入他人的主观世界，了解其感受的能力。初级的共情，是说你能了解，理解对方的感受。高级的共情，是说你能在你们共事的过程中，表明你的态度以及影响到共事的人。同理心自不必说，就是说你能将心比心，设身处地地为别人着想。

其实，这两个词在一定程度是一个含义，只是出发点有区别。

记得有一次，公司公众号要发表达晨资本CEO高洪庆的发言稿，我深刻地记得他逐词逐句地检查，我当时非常感动。不是说你是一个匠人的时候你才应该具备工匠精神，它是一种对自己所做的事情追求完美和追求极致的心，带着这颗有要求的心，把你放在任何行业都不会有问题。对你所做的事情，有敬畏心。拥有这样的品质，才能保证在人生这条道路上，走得更高更远。

追求极致完美，肯定是不科学的。在工作中，我们追求的是相对完美，在我目前的能力范围内，在一定时间段，做到我所能到达的最好的状态就是相对完美。我记得我还在做培训师的时候，一个PPT我可以改几十遍，还是能找出问题。每次培训结束后，我还是会反思，我今天演讲的时候，铺垫哪里有问题，知识点在什么时候抖出来最好，应该怎么互动才最可控、最有气氛。每次的演讲培训都如同一次表演，就是一锤定音了，当下就那个样子了，可是事后我们还可以反思，然后在下一次的培训中继续改善和进步。

很多时候，道理我们都懂，但还是要践。这就是你，懂了那么多道理，依然过不好这一生的原因。

人生哪有
准备好的时候

玩电子游戏的时候，总会有个"READY GO"。我们总是急切地按下那个键，然后进入游戏，获得它带给你的快感。游戏最大的好处是它可以重新来过，无数次地重新来过。而人生，当你做事情的时候，特别是做选择的时候，我们往往纠结，因为，人生没有重新来过的键。

我以前是个做培训的，每次上课前，都要花费一些时间备课，通常半天的课，我至少会花费一个礼拜去准备。甚至，什么时候抛什么段子，举什么具体的例子，并且对于台下会给到什么反应都会做一个预判。比如学员们给出赞同的反应，我要怎么往下走课，如果学员们给出反对的反应或者其他激烈的反应，我该怎么安抚他们的情绪等。

走上讲台的那一刻，我总是要深呼吸一下。未必是真的准备好了，我是在告诉自己，是的，你准备好了！当我的课表排得很满的时候，即使是我自以为准备得很充分了，但总还是会有意料之外的事情发生。后来，我想明白了，所谓工作，不过是单位时间内，交出的相对满意的答卷。而每个人对于"优秀"的认知不太一样，而我只是尽我能力给出一个答案。

每次上课前，我都会在脑子里面过一遍我的课。很多时候，当我默背整个课程逻辑的时候，总会在某个逻辑点出问题，怎么都串不起来，然后，我就需要回放一遍做好的PPT，再次强化一下记忆。等上完课后，再去复盘，总是还能挑出一堆刺。心里告诉自己，下回这块可以做得更好，那块的互动还要注意控制节奏，表达重点课程内容的时候需要给学员哪些点，更容易让他们记住等。

我发现每次上课都有不完美的地方，每次都有需要完善的地方。可是，一节课对着同样的人只能上一次。即使有些大课，我可能在半年内上了二三十次，但在复盘的时候，我还是能找出面对不同学员"破冰"时需要改进的地方。因为不同团队的学员对于同样的课程设置的反馈是不一样的。

有一段时间，我密集地见了一些项目创始人，以及一些基金的负责人。他们多数人会说一个相似的概念：我觉得时间点还不到，我觉得好像时机还不成熟。

创业、投资从来不是个快活儿。它不是今天把种子种下去，明天就会收获惊喜。这个"时机点"的酝酿和预判都在每一个CEO的感性体会和理性分析的基础上，我们帮助他们看项目，其实也不能替代CEO去做具体的决策，没有谁会比创始人本身更了解这个项目。但是，创始人的感知未必正确，往往创始人对于项目的思考和判断，是戴着脚链舞蹈，是在自己原本的思维模式下的打圈，旁观者或者愿意帮忙梳理的人，都在干着一个活儿，就是把创始人拉出自我认知的圈子。只有将他们抽离出他们熟悉的环境和思维，他们才有可能拥有多维度的视角去审视问题。

我有时候会很冒犯地问他们："你投的这个项目，你能给我讲讲你的逻辑吗？"我是一个逻辑能力一般的人，但还是天天追着人家让他人讲逻辑。我认为，人真的要有一个开放的心态，一切皆可讨论。每个人都有认知局限，也都处于时代的局限中。讨论的过程以及带给我启发的过程，可能比一个具体的结果更让我爽。因为在阐述每一个具体的思维逻辑的过程中，在计划具体落地的过程中，一定会有你意想不到的"坑"在前面等着你。

我们总有一个幻觉，觉得每一次倒霉的时候，好像都是自己过往人生倒霉的峰值了，可是上帝总会让你跌到更深的"坑"里，笑着看你如何爬上来。当我们看到一个事情在一段时间里成功的时候，我们总有很多赞美之词去评价它。可是等这个项目在下一个时间里落寞到无人问津的时候，我们也会有很多激烈之词去批判它。

可是，人生长着呢，时间多着呢！即使是ofo小黄车的创始人戴威，我觉得他也还是有再战江湖的可能性，如果真的有那么一天，我想戴威更能感悟到人性到底是个什么东西。

我曾看过一个画展，那些画家的作品风格不在文艺复兴的风格内，这些"不入流"的画家们组成了一个"落选者联盟"，毋庸置疑，他们在当时的法国主流圈里面不受人们待见。但是，后人却把他们的作品视若珍宝，因为他们的作品不是主流的风格，但具备很多的独特性，甚至开创了后来的"印象派"，所以被后人珍惜和歌颂。

所以，人生这件事，真的有准备好的时候吗？你来到这个世界上，本质就是个意外，你爸爸妈妈那么多基因，组合成独一无二的你，你生出来之前，绝对不会跟你爸爸妈妈打个招呼说："哎哟，您瞧好吧二位！我来了！惊不惊喜，意不意外？"而你出生后，经历的诸多事情，不管是高考的前夜，结婚的前夕，还是公司做一个重大决策的时候，甚至你自己孩子出生的前夜，人生抛给你的每一个选项，大部分时候都是不给你解释也不允许你改选，甚至你根本来不及也不能准备的。明白了这个道理，那还不如一闭眼一握拳，嘿，哥们儿，上了！

只要我们还活着，就还有将事情完善和将生活变得更好的机会！

谁不是向死而生

怕死你就别活着啊，向死而生，是通透。

我经常出差，我妈总怕我一个女生会意外而亡。就像小时候大人给你编瞎话，告诉你外面很危险啊，有大老虎。我大学刚毕业那会儿，她只要看到新闻有什么最新的骗术，绑架，灭口的案件，总会第一时间告诉我应对方法，千叮万嘱我要注意安全。

记得报纸经常报道河南有人贩卖人体器官那会儿，我妈就很担心，说可以选择的话不要去河南出差。当我去东莞出差，我妈就总怕我遇到一些不可描述的事情。看到创业公司的老总们出师未捷身先死，我妈就会叮嘱我好好吃饭，不要超过十二点睡觉，如果可以的话，最好十一点就睡觉，肝脏要排毒之类。

我理解父母的担心，只是好像他们这些焦

虑在我这儿显得很苍白。生活最后都是自己的，父母不能代替你活。在父母的想象里，我只要出差，在外工作，就吃不好喝不好，好像除了家以外的地方都是难民营。我这么大一活人，在他们心里总是不知道吃不知道喝，就知道努力干活，这也是很多父母脑洞清奇的地方。

今天早上又看到一位创业者去世了，拼起命来工作的人，不知道是不是也会后怕，不知道这种过载的能耗，何时会让自己灯油燃尽，变成下一个大家唏嘘的对象。当一个人身边的人得了重病或者去世之后，我们总能总结出几百条得病的理由，不该这样不该那样，可是真的要想有一番成就的人，哪一个不是甩着自己的鞭子，坚决地朝着目标前进呢？

我们理想的生活是"钱多、事儿少、离家近"。对家人说我找到的工作，家人就会三连问：加班吗？钱多吗？远不远啊？如果说加班，母上大人就立马说："哎呀太辛苦了，不去了不去了。"生怕你一口老血喷在键盘上，真的就为事业献身了。如果世界上真有这等好事儿，你也不问问凭什么就能降落到你头上，是有倾城倾国之貌，还是有横竖都溢的才华？

不管是工作还是生活，最后都是自己选择的。有人觉得有一个和和美美的家庭很重要，那是安全感那是港湾，工作不过是一种营生的手段。有的人觉得，实现社会价值更为重要，在时间的分配上必然会给工作更多的份额。成年人选择了，接下来就是为你的选择负责，你别自己逻辑不自洽。比收入的时候要跟高的比，也不看看自己的付出，比工作负荷的时候，要跟低的比。你我大多是资质平庸的普通人，上辈子也没有拯救银河系，那也就不要抱怨为什么找不到"钱多、事儿少、离家近"的工作了。

我困惑，佛说：你不能贪嗔痴。我完全不能划定这个边界，哪些是贪？哪些该界定为嗔？哪些又是痴？我拼命成什么样就超过了这条线，而我什么时候该适可而止？我们总是说些似是而非的"鸡汤"，也并没有安慰到谁，像是所谓的过来人让你追求安逸的劝说词儿，又像是不好好努力的时候随手可得的借口。

推杯换盏三四巡后，有些人就开始犯跟别人谈理想的臭毛病了，"你要追求生命的高度、广度、宽度啊，生活不止眼前的苟且啊，你要追求生命的意义啊！"意义是怎么追寻出来的，广度、高度、宽度是怎么得以体现的，还不是不断打破自己的框，去追求更多的可能才会实现的吗？

你来上海多久了？

两年多一点。

为什么来上海？

只是觉得以前的日子一眼看到头了，我能准确地知道自己的职业生涯的每一个点，我觉得这种可预见性才是我更怕的东西。

你怕死吗？

倒是不怕，怕没质量地活。能说话的人越来越少，大部分人二十五岁就拒绝新知，在所谓的人生轨道上安逸地活，然后到八十五岁再埋。

反正早死晚死都得死，你们谁逃得了？我不过是早就看透这个东西，所以，我才想在有生之年探知更多的可能。电影《楚门的世界》（*The trumen show*）中说："外面的世界跟我给你的世界一样的虚伪，一样充满谎言，一样充满欺骗。"就算真的有大老虎，你是不是也该好奇下大老虎长什么样吧？"王"字到底是在它脑门上还是屁股上？

我是有很多妄念的人，我不知道这些算不算妄念，但是因为我想要，所以我做出了某些选择，也因此承受了选择带来的不舒适感。活着的每一天都在向着死亡进一步，每一天如约而至。

怕死你就别活着啊，向死而生，是通透。

活着，请不要丢了少年气啊

拿出十年前自己的照片，我从未想过自己会胖成现在这个样子。那个时候我还在自豪怎么吃都不胖。那个时候，带着一帮玩Cosplay的朋友，到处参加乱七八糟的演出，到处勾搭些有的没的，到处投稿期待自己的文字能被人赏识，还玩跆拳道，到处给人表演花式踢碎木板。

这一晃十年过去了。

我实在不偏爱各种性质的同学聚会，可能我是无法直视过往的自己，也或者我是活在未来的人。现在如果有人说，你还记得当年什么什么事情吗？我多半都回忆不起来细节了，当你的生命不断充斥着各种刺激肾上腺素的事情，过往的事情，就像是被海浪一遍一遍冲刷的沙滩，每次满心欢

16

喜的冲刷都带来新的故事和序章。

不管我喜不喜欢现在的自己，但是过往的一切经历造就了今天的我。我想我还是喜欢现在的自己。我不太在意别人喜不喜欢我这件事，我能保证跟你交流的当下，我一定真诚。交了多少学费，行走了多少风景，我庆幸的从来不是看风景本身，而是遇到足够多的人，让我知道这个世界上有这么多活出不同状态的人，我未必对每种生活状态都认同，但我在试着了解，每一种人存在的原因和意义。这在大部分时候使我变得开阔宽容。这种体验，是我更为珍视的。

前几日去北京出差，前门星巴克旁边是一堵感觉快要塌了的旧城墙，旁边是一丝不苟充满青春活力的PAGE ONE书店。当时我想到每一个看似神采奕奕、精神饱满的中年人，很多时候都在咬着后槽牙硬撑。大部分成年人斗志昂扬的口号，背后都藏着被生活虐千次依然要再战的疲惫。

焦虑是这个时代的通病，我们处在一个激荡的、快速的、变化的时代，众生都害怕做时代的孤儿，都怕被时代抛弃，所以我们焦虑。因为焦虑，大家就更加丧失了筛选信息的能力，没有时代理性，逐渐变成容易被煽动情绪的人。大家不过是时代浪潮中的小虾米，每一代人的生活都会裹挟某个时代的背景。

我被裹挟在这焦虑中，当我意识到我的焦虑，我清晰地感受到所谓的诗与远方，终究会被现实搅和得稀碎，那个时候你持续了多年的所谓少年锐气，是不堪一击的。我想着令人发出一声唏嘘的曾经有梦想的青年是如何人到中年泯然众人的过程，不过是因为现实是软刀子，它一次一次的节奏缓慢地将你的天真剁成饺子馅，坚强的、有信念感的人会收拾好破碎的自己不断奔向梦想的终点，可大部分人都选择了与现实妥协。我以前会对那些坚持不住的中年人嗤之以鼻，后来我理解了他们，自己有什么资格去嘲笑别人。

当你回首时，你发现有些词语，比如：坚强、坚持、毅力、勇敢、魄力、善良、真诚，这些你需要用生命践行和丈量的词语，你曾经毫不费力地拥有过这些词语，但在某一天突然就被你丢了。你甚至都回想不起来你在何时丢了它们，而你发现你再捡起它们太难了。你抬起头来仰望那些爬到所谓生活山顶的人，你发现这些人的身上还携带着这些词语。你说："真好，真羡慕！"然后一口酒下肚，双眼朦胧，为自己叹息。

放弃某些优秀的品质一定比坚持容易，但我想对大家说："活着，不要丢失少年的热情和勇气啊！"

今年我试图让自己慢下来，和自己和解，和世界和解，去体会和理解身边的每一个行走的人。我享受做一个观察者，也在思索我到底要变成一个什么样的人。成年后的我，没有真正地想去过节日，包括自己的生日，我反思，为什么我如此不在意过节的仪式感？后来，我发现时间和岁月是你活在这个世界上最好实现的东西，即使你不跨年不过生日，这一天照旧会过去，我莫名觉得这个事情太没有成就感，我的仪式感大概体现在我所珍视的每一件事情上，我算是认真生活的人，所以不必要在大家都欢乐的时候，非要如何有仪式感地度过。

我早就做好了不把自己裹挟在烦琐地应付各种人情世故中。生活虽然是不断创造麻烦解决麻烦，我们也没有必要明知前面是个大坑，却还要跳下去。生活自然有朴实简单的快乐，跟父母去聊一些小时候的趣事，或者试图让他们理解你在做的事情。我跟我父母"硬刚"了那么多年，终于在这两年，我父母也试图理解我不是那个活得像张三李四隔壁老王一样的孩子了。他们的孩子就是有一些不一样，用奇葩或者别的形容词来说我，我不介意。

我从几天前就在想有什么字可以概括我的今年吗？想了很久还是无果，眼前一幕幕闪过这一年的十二个月我都做了些什么，当时的心境如何，为何会做出那样的选择，如果再遇到一次这样的情境，你还会如此吗？

生活有各种形式，The right way，the hard way or the easy way，但是人生没有pathway。

嫌弃老板是我们的『续命』方式之一

要有娱乐精神，娱乐精神，娱乐精神，重要的事情说三遍。

每个公司都有这样一个微信工作群，这个群充满了正能量，人人都有一种誓要为工作献身的大义凛然感。一群热爱工作、积极上进、工作到无法自拔的青年在这里集合。

给同事鼓掌，给老板点赞，莫名献花。被老板夸赞后卖萌，表决心的奋斗状，江湖义气的抱拳！

这里的空气安静祥和，宛如一潭死水。然而，这种群里通常上演的是众人毫不走心的表演，一种职业人日常的应激反应。

当然，每个公司除了这样的群，还会有一个个游离于老板视线之外的"暗群"，这些群的作用主要用来嫌弃老板。在这个群里，每一个员工都是段子手，每一个选手都仿佛打开了嫌弃老板的任督二脉。随便截取一段聊天记录，都是《吐槽大会》的水准，好像员工的语言巅峰就体现在嫌弃老板这件事上。

为什么我们嫌弃老板这么重要？

老板难道不是用来嫌弃的吗？

不发老板的牢骚，怎么好好工作啊！

90后们看着与自己父母年岁相似的老板，连连摆手，这届60、70后不行，太慢太慢。

80后们挺直了腰板，四十五度角仰望着远处的星辰和大海，会心一笑，是的，没错，世界快要是我们的了。

现在的老板为啥值得被嫌弃？以前的上下级关系断然不会是现在这样的。70后就职以前的上下级关系，基本上是老板说什么都对，老板说什么都要想办法去执行。比如老板觉得红配绿美妙绝伦，看着你的衣服配色丑，可能你就得想办法将红配绿配套穿起来了。

过往的职场，老板的认知甚至品位都得贯彻到公司的方方面面。梁文道在《审美的败落，从宣扬"丑"开始的》里面说：在中国，无论在什么样的机构，一个人只要是坐上了"领导"的位置，似乎就摇身一变，成了一位在任何领域都非常专业的人，掌握着种种事项的生杀大权，而设计、规划和审美，不过是其彰显权力的领域。

所以，我们经常会收到来自老板的让人困惑的指令，你若参悟不明，那定是你天资愚钝。中国人这么好面子，大部分人不好意思去跟老板确认他到底是什么意思。

比如，老板说："你这个设计不行，你懂我的意思吗？请给我一个五彩斑斓的黑，需要有一点点的层次感。"

你满脸问号，五彩斑斓的黑？你在逗我吗？

再比如："这次我们活动邀请的嘉宾，只有一个要求，要高规格！高规格！高端大气上档次那种！你能不能给我一点高级的感觉？"

老板你解释下什么叫高级，好吗？

你自己不会悟一下吗？

老板当然是老板，老板要显摆自己的时候，你一定要准备好期待的脸，必要时要鼓掌，顺便对老板说："您怎么那么英明神武！"

我一直在思考，在当下的社会，我们应该跟年轻人共建一个怎样的公司环境和人际关系。巨变的时代带来信息获取方式的多样化、需要做成一件事的知识结构不再单一，造就了当下一个"后喻时代"。这个词以前用在家庭关系上，指的是长辈需要向晚辈学习新技能，这个时代的主要特征叫"文化反哺"，这个词用到工作场合也完全适用，意思就是老板不是绝对的权威，扁平化的管理是必须的。在这个时代，信息的鸿沟可能比代沟还要吓人。

企业家卫哲在阐述企业如何制定战略时，抛出过一个问题：做战略到底是要自上而下，还是自下而上？他说，早先你们知道的"双十一"天猫购物节、聚划算都是下面的员工自发做起来的，"双十一"购物节在做了好几年之后，才上升到真正的战略层面。实际上，所谓的创造性工作在"创造性"这三个字上，绝大部分的年长者都比不上年轻人，因为年轻人没有那么多的路径依赖和思想包袱，在处理事情的时候没有那么多思维上的条条框框。

信息的爆炸，知识的迭代速度变快，不管哪一代人，每天都被新的信息、新的知识洗刷着，我们都要谦卑，敬畏，敢于"空杯"。这代年轻人有一些新的特点，他们更有个性，更有自己的主张，更愿意为自己活着。他们没有那么穷过，他们工作更多的是在为自己认同的事情努力，而不是为了糊口。那种混口饭吃的人多半不会嫌弃老板。因为服从老板的一切决议，是最省力的工作方法。

那么那些职场中的年轻人要怎么调整自己的心态和节奏呢？

我总结了以下三点：

不走心地吵架

年轻人要做的是，跟老板的吵架要做到不走心，对事不对人。工作应该是以成果为导向的，结果也只是完成而已，而成果是需要有质量地完成工作。

万死不辞

这个词原本是说，死一万次也不推辞，表示愿意拼死效劳。在现代年轻人的语境里，这个词的意义变成：每天被老板气死一万次，但是仍然不辞职。排除年轻人真的是穷的原因，他们这样做一方面表示这个老板很值得跟随，另一方面表示这个员工非常有韧性。我常常遇到创业公司的员工很有信心地跟我说："我赌老板会赢，所以我坚持留下。"

跟什么样的人同行

生命有限，有意义的是，我们还可以选择，到底跟什么样的人同行。不是所有的老板都那么善良和有正能量，有的老板善于画饼，饼画得比脸大；有的老板严厉，但是很有分量。如何选择你的老板，选择与谁同行很重要。因为，奇怪的老板除了会让你气到肺炸掉，还可能扭曲你的三观。

你喜欢跟什么样的人一起工作呢？

我喜欢的人都有以下两个特点：

1. 善良（不作恶是做人的基础，这很重要）

2. 利索（逻辑清晰，思路在理）

最后，是给老板们的Tips：现在的年轻人都不是省油的灯，要有娱乐精神，娱乐精神，娱乐精神，重要的事情说三遍。

这场『996』的博弈

我们当然没有真正的自由，没关系，至少我们还有表达的权利。

有一段时间被"996"[1]的话题刷屏，你能明显看到四个言论的分水岭：老板视角和员工视角；年轻员工和中年员工；家里有一点底子的员工和家里没有底子的员工；热爱工作的员工和爱谁谁的员工。他们在言论上显示出来的差异性一目了然。

老板们当然歌颂"996"，因为压力都是他们的，税收是他们的，融资压力还是他们的，在管理上，一定无法照顾到所有员工的感受，从老板的角度来说，如果我能最大限度地让员工们努力工作，那对公司的业务促成是一定有好处的。

---

[1] 指早上九点上班，晚上九点下班，一周工作六天。——编者按

在人类进化这么多年，人性中的懒惰从未变过。人类因为懒，发明了飞机，这样不用自己走也能日行千里。人类因为懒，发明了洗衣机，于是我们不用自己洗衣服，也得收获干净的衣服。老板因为懒，觉得"996"在某种程度上是一种有效的管理制度，因为不管你工不工作，你坐在公司，看着公司人来人往熙熙攘攘，老板或许能感受到一种大家都在努力、公司一定会好的感觉。就好像一个掌握不了学习方法的人，天天熬夜到凌晨，见过四点钟的太阳，便觉得自己还是有考满分的希望的。这其实跟你当年参加高考的时候是一模一样的事情，大家都要在装模作样地学习，一年有三百多天在教室里坐着，但还是有很多人考不上大学。

显然不是所有的员工都热爱工作，也不是所有的员工做事都会有好的结果。所以，从老板的角度出发是可以理解"996"的工作制度的。当然，如果能从绩效考核的角度去设定员工的工作，可能是符合逻辑的思路，当然这对老板的能力就有更高的要求。这个时代，老板如果还依赖过往的思路去管理员工，多半是盘活不了一个公司的，毕竟年轻人更愿意为自己工作，更愿意为自己认可的事情而奋斗。

员工当然是抗拒"996"的，特别是在北京、上海这样的城市。我跟很多人聊过天，即使在北京、上海工作，我觉得他们从未生活在北京上海，他们只是活着。从人类发展的角度来说，工作显然只是生活的一部分，还有老婆，孩子，热炕头，还有孩子生病，老人赡养，还有那些海市蜃楼一样的诗和远方。国外的朋友听闻我的生活，常常说我是"Work Machine"，本质上我是"恋战"的，我能从工作中获得快感。但是，我也有"浪"的时候，请假半个月自己就去玩儿了。

一些成功人士经常被问及："你是怎么平衡家庭和工作的关系的？"实际上，工作和家庭就是一个动态关系，因为它们一定会在某个时候此消彼长，所以我们需要一直平衡，你总有年底一大堆材料要看，一大堆客户要谢，一大堆总结要写。你也总会有喘息的时候，发现陪陪孩子和家人，在某一处虚度时光是很美妙的事情。成年人的时间有时候由不得自己选择，是周围一堆人推着你前进，然后你还需要有阿Q精神，从生活的那些个苦中，体会那一丝丝的甜。幸福啊，一定是比较级，没有那么多苦的铺垫，你都不能体会那一点点的甜有多甜。

马云这种大佬当然是站着说话不嫌腰疼的，脱离群众太久了，说出来的话就跟"何不食肉糜"一样。他的"996"和刘强东的"007"[1] 都不是我等普通群众所能享受的。马云的"996"是可以高度支配的"996"，是在高尔夫里面的"996"，是跟不同人Social的"996"，是在西子湖畔的激扬文字挥斥方遒的"996"。强东的"007"也不是你的"007"，是调戏女大学生的"007"，是喝着美酒的"007"，是陪着貌美妻子散步的"007"，是回家祭祖的"007"。跟你辛苦修改PPT到凌晨，修改方案到白头，写代码写到发际线消失在地平线的"996"或"007"，在本质上就是两码事。但是，当你没有能力拥有Freestyle的工作的时候，有些苦还是要受的。

---

[1]　网友调侃，形容一天工作二十四小时，每周工作七天的工作制度。——编者按

这个讨论的本身有意义吗？必然有意义，是因为我们总要通过这样的争辩去开启民智。我更怕的是，更年轻一些的人听完大佬们的发言，认同这些话，觉得这就是真理。我们需要有两种能力，就是独立思考的能力，并且以自己的独立思考去主导自己的人生的能力。你想过哪样的生活，就要去争取，而不是听从谁的。

叔本华说："一个人所能得到的属于他的快乐，从一开始就已经由这个人的个性规定了。"痛苦和无聊是人类幸福的两个死敌。当我们感到快活，在我们远离上述一个使我们免于这种痛苦的时候，我们也就接近了另一个敌人，反之亦然。欲望不满足就痛苦，满足就无聊，人生如同钟摆在痛苦和无聊之间摆动。财富就像海水，饮得越多，渴得越厉害。

引用这段话，我并不是想掉书袋，我只是想告诉你，成人的世界从来都不容易。活着，何必让别人的说辞去主宰你的人生？

在这场"996"的博弈中，只见老板连连画饼：来吧来吧，"996"。

只见员工连连摆手：不了不了，我要命。

在这场博弈中，所有的"良家妇女"都会"下水"，所有的"风尘女子"都不会"从良"，在这个"坑"里的一时半会儿是出不去了，不在这个"坑"里的也会因为经济大环境的影响很快入"坑"的。这个世界哪有什么稳定的生活？有时候我们全力奔跑，也只不过是为了能够停留在原地。

一个人的『耐撺值』有多重要

什么是创投工作，是寻找优秀的项目和基金公司，选择和他们同行。这个是我Big Boss的"官方"解释。但是，如果去解构我的工作，那只能通俗地说跟各种男人聊天了。在这个行业里，女性非常少，连我们自己的团队80%以上都是男性。这么解释又似乎油腻了些，一股大猪蹄子味儿。

你要说我多专业，信奉什么体系，哪个出处，去判断一个项目或者一个创始人能成与否，那倒也没有，毕竟所有的知识若不能串联和并入你的自有体系中都不能称之为智识。英文讲Wisdom，智识不是说知识，而是统领知识的智慧。

所以，我不单方面信奉某一套体系和谁说的话，那些东西都是在我和创始人谈话过程中随意拿来组合的东西，大概这就是学院派不屑的野路子，不管哪个路数，成事一定是你最后判定的重要标准。

我其实不是那么喜欢撑人，我所有的问题，都是我的好奇，我好奇就会发问。但对于谈话方，他们的心理动态大约是这样的：如果你问的是简单问题，他会觉得你毫无水平，毕竟大部分创业都是基于自己曾经的背景，他在行业内浸染的足够久，他们就会有所谓的"包袱"，这个东西正面理解叫专业性，负面理解可能就是那个无形的圈，禁锢你创新的那个东西。因为，中国处在一个巨变、动荡、快速发展的时代，如何在这样的时代有一些建树？答案是：你就不能穿着棉袄洗澡。

如果我问的问题稍微有深度一点，甚至是那些没有确定答案的问题，我当然也会有预判。唯有这种问题，才能显出对方的人格。比如，你对行业是否有自己的解读，而不是来自"得到[1]"、或者某一个大V，它甚至不需要绝对精准，但它要有你思考的痕迹。

怕是中国人在语文试卷中阅读理解题做多了，大部分人回答问题时都想说出一个不会出错的中庸答案，你能从他眼睛里读出来一种信息，叫：你看这大概是你想要的正确答案哇！这类人多半不自信。创业是孤独的，有时候是没有具体答案的，它需要足够的开放思维，然后变成具体的可以执行落实的方法。这个过程孤

---

[1]　由罗辑思维团队出品的知识服务类手机 APP。——编者按

独，充满压力，很多创业者的心里话是无人可说的，所以，主见、自信、方向感很重要。

你发现他的项目团队有某个具体的短板，你就会挑战他说："你这块可能是有欠缺的，而且可能会是制约你成长的主要因素，你怎么看这个问题？"

至少我是很怕别人立一个高Flag跟我说其实这个没啥问题，有时候一个领导者需要对着下面的执行员工打鸡血，但面对我们，我们需要听的是理性的分析，你如何中立地看待这个问题。面对这个问题，你前瞻性如何？你在指挥打仗的方向感如何？你操盘布局的能力如何？你对细节的把控如何？我可能不需要你高昂姿态拍着胸脯说没问题，任何事情说起来都比做起来容易很多，我倒是宁愿你认真审视自己的不足，团队的不足，去审慎地判断和周全地思考。

我可能会因为一个问题没有得到一个可执行的方案，在听谈话人阐述逻辑时反复提问。一些大问题，有时候我撑一撑创始人就能迎刃而解了，要是吹牛能解决问题，世界上90%的问题都不是问题了。这种挑战，我们可以看到的是，面前的这位创始人在面对高压追问时的反应，他/她是立马就脆弱了，还是有思考有逻辑地应对，还是会陷入沉思，还是会抛出问题邀请你一起讨论。

创始人要是一上来就崩溃了，情绪失控了，脆弱了，那创业还是算了吧，毕竟这才哪儿到哪儿，你就脆弱了，你就难受了，那怎么面对后面的九九八十一难啊？要是都顺着你话讲，感觉对方像百货公司处理投诉的小姐姐，这种也很吓人，就是认错态度特好、特快，但就是解决不了具体问题。就跟电视剧里面的妻管严一样，老婆没说两句话呢，自己搓衣板就准备好了，大喊一句："老婆，我错了！"你要是追问几句，发现他其实也不大清楚自己到底错哪儿了，下回可能还会犯同样的错误，最后条件反射了，你俩就别好好对话了，人格就不平等了，你一追问，表面上看好好的，他内心就已经颤抖了。"上回也是这么问的，我还是不会啊！"

除了正儿八经地在工作场合对话以外，多场景的对话更重要。比如，吃饭的场景，"德扑"的场景……因为正式的场合，人在这种场景下会构建一个正式的状态，所有的话都可能经过修饰，语言也是经过一些筛选的，那就会隐藏一些东西。观察人和事物一样，需要多场景多维度的观察。

耐撑，撑在有些人的语境里是不好的词语，因为有可能一直让人处于思考的状态，他会觉得疲惫。耐字，体现一个持续性，创业不是一次就结束的事情，可能需要反复的自我发问，别人的发问，随之而来的是自身的自省和打破自己认知局限的思考。

跟金属一样，这对渴望成功的人绝对是一次又一次的淬炼。人成功之前一定要有所忍耐，不管是体能或者心灵或者物质，唯有这种隐忍，才能逼着你去思考、实践；当你站在巅峰的时刻，你才会体会到那种巨大的爽感，老子就是这么优秀！一旦成功的原因太投机、太不费力，金钱多数时候就会像龙卷风，来得太快，而去的时候会一片狼藉。

有一类人，在体制内的职场中已经到了中高管的位置，就容易端着，太拿过去说事儿，那一套体系深深地扎进骨髓里，怎么都出不来。出来创业了，发现环境都变了，谁也不为你的过往买单了，他就慌了，我们称这类人叫"高位截瘫"。前半生太顺利了，创业时候偶像包袱太重，其一低不下高贵的头颅，其二爬不出体制内的思维，害怕失败、不允许自己失败而丧失了很多机会。不是所有的中年人，失业内退都适合干一个叫创业的活儿。

人总想留下活过的印记，殊不知，这一路走过的轨迹决定了你能不能留下印记。生活对人来说，没有什么机会主义者，你想投机，它会还你真相。在某个时机，你突然懂了，生活原来在这里等着我呢！

想成事，有个很重要的特质，叫不惯着自己！耐撑，不过是第一步，生活不是玛丽苏电视剧，生活是黑色幽默。

哪场创业不被撑

没有被投资人撑过，你都没有资格说你创过业！

北方话非常神奇，它先天具备的幽默感以及场景感，我的微信好友中，经常有人找我的时候问："亲，在吗？"为了节约时间，我通常回一个字："咋？"

想用这一个字充分表达我目前的一种状态——很忙！有事请奏无事退朝。

有些人絮絮叨叨说了一堆，完全不在重点，不知所云，我通常回一个："啥？"

有些创业者的情感比较细腻绵长，为了表达自己的意图，描述一件事情之前会加很多心理活动的表述，所谓外化内心活动，为了表达我并没有很在意你说的过程，我更在意结果，我通常也只会回："好！"

这个字代表了我认同你说的事情，你的心

理活动我也理解了，但是我更在意结果，这个"好"是为了回复事情本身，至于情绪，有时间我会唠两句，如果俩人说话风格差距大，太为难彼此了，还得赘述很多，也就放过彼此吧。

我理解这是一种边界感，人太多，故事也很多，你想说就说，不想说，也还有下回呢！等你缓过来，我们再叙。

最近，一些机构邀请我去讲点什么。我会问他们，你们想让我讲什么呢？我也会顺便问下，隔壁老师标题是什么？通常他们的标题都会非常专注在"术"的层面，比如："在什么什么（通常是一种情形）下，公司的治理逻辑"或者"创始人应该具备××思维"。这些老师肯定学习都比我好，因为一看这个词组结构就充满学术论文的感觉。

我总觉得，一般的创始人都具备一定的做事上的"方向感"，具体的"术"当然需要，但是它不具备普遍性，这就是为什么创业培训难做。但是，如果非要把一群创业者放在一起，说一说"道"，再结合您自己做事的套路，会不会思路更清晰一些？我就给自己的课取的名字叫：没有被撑过的创业不完整。我是想站在创业者的角度去讲讲，投资人为什么会撑你，撑你的大概是些什么套路，你应该怎么应对，投资人撑你的时候，你更应该具备什么样的心态。这是我的本心，但是至于我输出的内容到底如何，恐怕还是取决于听的人。

首先，创业应该有颗大心脏。85后95后的人创业有一个特点，因为年轻就具备操盘意识，通常有颗大心脏，跟你交谈时，还会特别坦率地说，老师您不要光挑好的说，您得多说说我的问题，没事儿，我年轻扛造。

我当然喜欢这样的创业者，我们喜欢一起脑暴一些东西，我期待我们有良好的互动，给出可能给彼此带来启发的语料，通常一阵交谈之后，大家都很愉悦，因为作为项目方觉得自己好像受到了启发，作为投资人我也学习到了这个行业的情况。这样也能补充我遇见这个项目之前所做的行业研究，让我的认知更为丰满。无论从哪个维度，这都是Happy Ending。

当然，我遇到的大多数创业者还是70后80初。这类人里面，成功的往往心态都很开放，一个人心态开放，某种程度上是一种自信的表现，这种沟通更容易是平等、舒适的。但是，大部分时候，我遇到的有防御心的人更多。

防御的意思是，我说话前，对方先把姿态放这里。我岁数比你大，资格比你老，你自己掂量掂量什么该说什么不该说。

通常这类人就很难伺候，他们本质上对自己也没有那么自信，所以对别人的反应会有过激表达，所有的话都得参透出十七八个意思，而完全不能明白我们谈话的本质是想让这个项目变好。

他们通常会这么表达自己的立场，在我们的对话开场前——"小姑娘（用这个称呼的多半是个"死直男"），我在这个行当作了几十年咯，不能说是行业最优，但是你出去打听打听，还是有一定的江湖地位的。"

怎么说呢？我感到无奈，你求人办事，把自己放在菩萨位，我们怎么沟通？我打听你个锤子，你现在创业还不就是从头开始吗！有一些人是从国企内退或者外企被裁员的，还有一些人是在大企业里面不得志，不得已出来创业的，因为曾经积累的优越感，出来后一下子不能接受自己跌下"神坛"，浑身都透着一种"自以为是精英"的气质。

创业这件事，是要告别过去的你。曾经你在的那个位置，可能有很多人理你，是你的平台带给你的一些荣耀，而离开了那个平台，你自己是个什么样子，受不受人待见，人缘怎么样，心里没有点Balance吗？

这类人还有一个经典话术：我的资源非常多，我认识谁，谁跟我是好兄弟。这也是我厌倦的语料之一，资源如果不能落地，那就是天上的云，看似丰满，一吹就散，跟你没有任何关系。

创业到底是谁在做事？是你啊，不是你的资源啊！如果你的基础逻辑不成立，资源也就是"镜中花，水中月"，只是看起来很美。而且资源的本质是什么，不能总是求别人帮忙，好的关系，难道不是彼此赋能吗！

你过往在那些在大企业里面养成的臭毛病，吃吃喝喝，商业互吹，在某种时候能起到一定的作用，但是创业的江湖容不下那么多泡沫，一睁眼就是真刀真枪的成本在流动，而你只想用吃喝摆平事情，没有有效地完成事情的逻辑，标准化的运营没有成立，后面所有的浮光掠影都是给你的"作死"助兴。

这些人往往意识不到，投资人还愿意花时间去撑你的项目，是因为他感兴趣或者他觉得还有一些探讨的价值，他的本质不是为了撑你而撑你，而是希望对你有所帮助，你活这么久，连这样的信息都读不出来，你前半生的生活是充满了多少恶意啊！

大家时间都宝贵，一个项目约见创始人见一两个小时，我头一个半小时都是商业互吹，后半个小时再说正事，是不是闲的？要听好话，也不用去找资本，自己在办公室逐个找员工聊天，中国人还没有完全进化到看到老板都巴巴说实话。

更成不了事的创始人，就是听完只顾生气了。哎呀，那个气啊，小丫头片子你算哪根葱，对我吆五喝六的，你懂什么？

这个时代，早就不是拍马屁就能把钱挣了，是大家商量着把钱挣了，你说说你的商业模式、盈利模式、核心壁垒，我觉得还不错，有可能的情况下，给你一笔钱，看看你的企业能不能变成一个更好的企业。

我们得承认，不同行业、不同出身的人，说话的方式不太相似。但是，你要相信，每一个投资人发问的点，都是他/她想不明白的地方。这同样也是你的机会，把这个质疑回答好，化解投资人的异议，才是更值得的做法。

我常常特别庆幸，我进了这个行业，除了能认识一帮很聪明的人，还强化了我做事的正确方式。当我遇到问题的时候，首先是想解决方案，而不是去扩大情绪。北上广容不下眼泪，创业也容不下焦虑，焦虑是不足以解决事情本身的，因为焦虑完还得去解决事情。时间对于企业来说极其重要，在中国经济持续发酵的背景下，我们通常把创业企业的进化周期缩短为半年，如果在一段时间内，我们都没有进展，后面的结果，就是如你我可以预见的一样，它被拖死了。在不盈利的情况下，屁股坐着的每一分钟都是钱。

当你第一次被投资人掉的时候，你发现你的情绪是如此的抵触与不安，如果你回家之后，能对今天你所有回答不了的问题做一个复盘，将你做成事的路径和逻辑反复推敲，然后内化成你的东西，这才是更有价值的事。

当你第十次见到投资人的时候，你能总结出他们的套路是什么，要怎么化解，该坦白的时候坦白，该修饰的问题修饰，游刃有余，是不是融到资的概率也会变大？谁也不能预见未来，谁也不能保证这个项目就一定好，但是有时候，我们看到更自信的创始人，更清晰的思路，我们会觉得不管他/她做什么，我都想投他/她，因为对面这个人看起来就是会成功的样子。

我们老说放大格局，我们很难描述出格局具体是什么？当我们能看出，投资人在对事不对人，这些言语背后的动机，只是希望你的项目变好的时候，你的心境或许会开阔一些。

如果你的创业都没有被人掉过，不仅创业不完整，人生色彩也太过单调了一些。

没有被投资人掉过，你都没有资格说你创过业！

每一场出差都可以是诗意的流浪

和世界谈个恋爱吧，万物皆美。

我经常出差。从最初的颠沛流离的内心感受到现在的逐渐享受，我终于可以把每一场出差都变成是诗意的流浪了。我常常一个人旅行或者出差，我笑称这为有生存感。去一个没有人认识我的城市，然后一个人去觅食，一个人去想去的地方，孤独的只有自己和世界，能听听自己内心的声音和这个世界对自己的回馈。这很重要，喧闹是别人的，而你剥离出自己，看着他们，你便拥有了不同的视角。

去武汉要去听听长江的声音，去看看她的壮阔和精美，和她滋养的人民是怎么装点她的美。去感受这个城市过早的仪式感，早餐店的喧闹与特色。吃一碗原汁原味的热干面，麻酱充满嘴里的感觉，黏腻香醇，思考着为什么武汉人如此热爱这款食物。黎黄陂路是一条很小的历史街区，民国时候的建筑，有一点小小的特色，路上散落着各种各样的小酒吧，你可以去品鉴一下。倒不是真的为了喝酒，更重要的是去感受下别样的氛围，无聊的时候，听听隔壁操着武汉普通话的妹子们帅哥们怎么唠嗑的，也挺有意思的。

去西安的街头走一走，这个有历史文化底蕴的城市，每一块砖瓦都在诉说故事，空气中都是肉夹馍馅料的那种肉香，回民街上热闹得像拍穿越电视剧一样，每一块红的绿的广告牌下，管它商不商业，市井生活应该有如此的模样，喧闹的嘈杂的吆喝声齐飞。路上调皮的小哥，时不时调戏你一下："美女，来一碗羊肉泡馍吗？"被吓着了，也得去尝尝，把一块饼，掰成小块块，等待店员的检查，是不是可以放羊肉汤了。多半外地人掰得不合格。店员会嫌弃说，你这个太大了，继续掰！你看着隔壁桌恍然大悟，吃一碗羊肉泡馍，功夫是在手上，得把馍撕扯得稀碎，才能被羊肉汤泡开。

你要去鼓楼转转，感受下六七百年前它的故事。你要现场听听民谣，想想这座城市为什么涌现出了那么多优秀的民谣歌手，你们爱的许巍、郑钧、张楚、黑撒乐队，都是这座城市孕育出来的！你要去吃油泼辣子、臊子面、裤带面，去了解"陕西八大怪"，去听听八百里秦腔一声吼，甚至去感受一下气势磅礴的安塞腰鼓……

西安美食三大件：凉皮儿，肉夹馍，冰峰。冰峰牌汽水很多年了，西安小孩都是喝着这个长大的，这么多年，那味儿都没有变过。搁在北京，冰峰就是北冰洋，几乎所有的餐馆都有这个饮料。

我总是喜欢找找每个城市不同的、奇特的饮料。比如，四川就有别的地方没有的天府可乐，是有中药成分在里面的，虽然口感跟可口可乐有很大区别，但是还是好喝的。

去北京要跟出租车司机聊天，长知识极了！一路下来，我就知道北方麻酱和南方麻酱的不一样，北方麻酱的制作工艺是什么样的，里面得配上哪些个原料会更好吃，怎么调配，中间的细枝末节师傅都会给你掰扯清楚了，到了目的地，因为师傅跟你唠嗑，多付了怎么调配麻酱的学费，师傅一口北京话："谢谢您嘞，您慢走哈！"倍儿地道，亲切！要去吃南门涮肉吧，那是必须的！逮着干完活儿的空都得去尝尝。什么叫不虚此行，你就得得空了去安抚一下你躁动的胃。

从零下十摄氏度的帝都晃荡到零上十摄氏度的深圳。我对深圳一直很有好感，除了一直没弄明白宝安机场头顶上那么多坑是什么意思，跟不要钱似的打了那么多眼儿，还被密集恐惧症患者极度不待见。这个城市有很多人是从湖南湖北来的，你听着一口口"塑料"普通话，也觉得亲切，仿佛置身于湖南卫视的真人秀节目。要吃粤菜就去茶餐厅，点一盘牛河，吃一口，正宗到你感动的泪水都要掉下来了，就是那么好吃。简单的一碗"出前一丁"的泡面，加几根莜麦菜，几片大大的午餐肉，两根结结实实的肉肠，你就明白了为什么要深夜煮面吃啊，看着就很治愈很满足啊！

要是想吃湖南湖北菜，满大街都是。随便找一个路边摊坐下来，那一碗性价比极高的粉，都让你觉得汤底怎么都那么好喝。在正襟危坐的餐厅吃多了，格外迷恋这种小街小巷的烟火气，那么鲜活，让你觉得格外踏实与心安。接地气大概就是这个感觉，你能讲究，也肯将就，还能体验不同食物的美。路两边都是榕树，那么多细细的树枝垂下来，我想起来有一篇文章叫《小鸟的天堂》。

你对这个世界的热爱和眷恋，是你对这个世界的一切还抱有好奇和探索之心。人的迁徙带来食物的迁徙，即使是同一种食物，迁徙到了不同的地方，与当地的水和原料重新搭配，就会产生不一样的吃法。要去试，要去体会，要去观察，每一场出差都可以是一场诗意的流浪。

和世界谈个恋爱吧，万物皆美。

让自己的心灵来一场流浪吧，你会比你想得更有诗意。

和脚下的城市来一阵暧昧吧，会拉扯出或长或短的美好回忆。

人间一趟，看看太阳！

当我们在做选择的时候，我们在做什么

当一个人做选择之前，那万般的踟蹰与焦灼，那种翻来覆去的拉扯只有自己知道。

有时候，当你把做好的决定告诉他人，他人往往会觉得突然，其实没有什么突然，当我们在做一个决策前，通常已经打了无数次腹稿。

自然，也很少有人悟到，当我们做好选择时，我们所要面对的自己，是离开了貌似熟悉的圈子、套路、人事物，是拥有一种莫名患得患失的心境的自己。

而这种患得患失，在答案出来之前，往往需要维持很长的时间。那种揭晓答案的过程，对于有些人来说是极度漫长和煎熬的。总会有一个节点，你突然有了信心说，对，没错，当年我那样做是对的。做完选择后自己也没有怎么，但是，那一刻内心充盈且满足。当然，必然也有可能，自己过得比那个离开的过往，更加沮丧。

还记得老套的比喻：生活是一盒巧克力，你永远不知道下一颗是什么味道。老人家会说："你确定想明白了吗？那条路很艰难哦！如果你没有想明白，我劝你还是再想想。"

老人家从他们的过往出发，来劝诫年轻人，是一种关爱。可是年轻人如果全听长辈的话，那还像是个地道的年轻人吗？这个世界是怎么发展的呢？就是因为我们不相信老一辈的东西，我们总想发明我们的规则，我们想做新时代的规则制定者，我们不认同老人家的那套"道理"就一定是对的。

那些丧到不能自己的年轻人，到底是什么让他们这么丧？我自认为是一个相当"虎"的年轻人，不太喜欢听规则，不太喜欢听"你应该"的句式。活了这么大，靠的就是任性、嘴贱、胆大、脾气差。近几年，年轻人越来越丧，我悟到了很多东西，我自觉比以前更敬畏生命，更理解父母，更感恩他们带给我的好的品质。

我这么大大咧咧的性格，有一天突然明白，我这么任性，就是因为我和父母之间有奇妙的默契，大家都有自己的事情，因为这样我才有足够的底气去任性，去选择自己内心愿意选择的东西。我还得庆幸小时候教我画画的老师，那个有大大窗户、冬天总是有很大的太阳照耀进来的、总是有邓丽君背景音乐的画室，和那个穿着大头皮鞋、留着有范儿的长发的美术老师，是因为有那样的影响，我才会有这么自由的灵魂。

最近我习得几个词语：脆弱，崩溃，踟蹰，煎熬，诱惑，无力。不爱示弱的我，现在觉得能明白和感受这几个词语，是我生命中很重要的部分。我不觉得它们是贬义词，或者我们只有明白了这些，才会知道幸福和快乐这样的词汇，体会起来才会足够畅快。

昨天有人问我，你觉得你是什么样的人呢？我想了想，我应该是能冷静思考，思考到穷尽我思维里的可能，然后凶猛地去行动，目标导向的人。回答完，我想起我同事说过的一句话，他说："创业就是超凶的，嗷呜！"我觉得人生也是一样，这里的超凶，就应该是昂扬地向前，Move on！

我做大的决定都是随心。实际上，每一个选择都会有得有失，我们都会经历选择前的犹豫不决和选择后的患得患失，这不是病，这是人之常情，我不爱后悔，主要是觉得后悔没有什么意义。而换取那个能鉴定到底后不后悔的答案，时间太长，所以当我们做了选择的时候，首先要调整自己患得患失的心态，然后去all in 这个新的选择，让它朝着你想的答案进行。

当我们在做选择的时候，我们在做什么？我们告别了那个胆小的自己，去迎接和尝试新的事物，我们跨过了诱惑，我们拒绝等待，我们在向着所期许的未来的自己，又迈进了一步。

打败曾经的自己或许比打败别人需要更多的勇气。

江湖之大，真诚与靠谱是通往一切的法则。

很多人让我帮忙转发他们在朋友圈发的活动信息，我未必都乐意，也未必会答应，但凡能传递正能量的，看起来还不错的东西，我也不会吝啬我的"Gold Finger"。

我也没有细数过，我到底帮身边多少人找到了工作，而且工作在外人看起来多半都不差。

我更没有盘点过我到底帮人对接了多少资源，落地情况几何，有没有很好地帮忙到位，单从我拉群数量看，也不在少数。

突然有人跟我说："你看啊，这就是资源啊，我还挺佩服你能对接那么多事情，能记得那么多人，能让绝大部分人都喜欢你。参加一个活动，满场看起来都是你的朋友。"

有一天，一堆人聚众抽烟，我在旁边闲聊，有人猛吸两口问我，"你觉得什么叫'资源'？"

据我这文科生的经验，题干越短越难回答。因为这意味着问题太过宽泛，没有限定条件，不知道从何说起。

"资源"这件事，始于偶然也始于必然。比如，我经常参加活动，就会有很多机会认识新的朋友。我看很多年轻人因为想快速拥有所谓的"资源Pool"，加了群之后就把所有的人都加了一遍。这种心态和做法堪称经典保险、微商打法，宁可错杀千人不可错过一个，简称：人海战术。

我经常参加大活动，一般在活动整场我加微信的人不会超过十个，我加人从来都是基于观察。我对自己有清醒的认知，如若双方是不平等的关系，多半不是他伤就是你伤。基于偶然下的必然原理，这个人莫名其妙在这个物理空间递送到你面前，你依据直觉和经验判断，你们会不会产生联系，有没有办法共事。这也是一种你操作下的必然的偶然。以前参加大活动，老板会提要求说，"谁谁谁的微信，你必须要到，回头资本对接、项目联系应该会用到。"

这句话的信息点有几个呢？第一，关系要提前建立，不要等用的时候再去匆忙建立，那多半是没有效用的。用人朝前，不用人朝后的做法是万万不可取的。第二个是说，我就是要在这个偶然的场景下创造必然的结果，你必须要加到某个人的微信，或者是项目或者是资本。那么，你就要想着在什么情境下，你能不卑不亢地把这个微信给加了，还得保证对方能记住你，未来有业务往来的时候，对方不会一脸懵懂，也不会觉得你是个骗子。

我也偶然会发现，我活动上加过的某个嘉宾删了我，删除我的原因可能是多样的，比如觉得我不配或者看起来就特别像骗子。当下你也不要先想着谴责别人为什么删了你，而是要想想你当时的表达是否足够清晰，你的状态是否不够自信，甚至略显猥琐？或者言语太过有攻击性让对方产生压迫感？

那么，那么多人在你的朋友圈，你是否就真的拥有了"资源"？答案当然是否定的，只有你们的关系是流动的、产生交集才可以称得上"资源"，否则你们彼此就是一个头像。连"点赞之交"都不是，你点了"赞"就算是和对方"交"上了。甚至在我看来，资源的匹配足够对等或者能互换才可以称之为"资源"，否则就是你老想揩别人油水，让别人帮你的忙，这显然是不妥的。无亲无故的情况下，帮了是情分，不帮也没什么可以指责的。

你朋友圈里都是你朋友吗？当然不是，朋友圈就是跟你产生过交集的人都在里面，只是这个交集分大小亲疏。

我常常帮人找工作，兼职全职都有，我把信息发在朋友圈，常常很多人来问，我有时候也会建微信群，向来群里都是关系好的朋友，纯帮忙，涉及不到什么金钱交易，如果结果好，多半被帮助的朋友会事后来感谢一下对方，请吃饭或者送个礼物聊表心意，这样良性的互动自然大家顺心、自然。建立关系讲求先行投入，才能你好我好大家好。让渡价值、时间、金钱都是应该的，所以太过于计较的人，往往也做不好"资源"的事儿。

如果结果不好，找工作的人自然也不好意思责备我，毕竟我无偿帮忙，也无需对结果承担什么责任。如果，我对接之人，有些许奇葩，对话不在一个语境内，对方有时候会来"吐槽"，更多的时候我理解为这是一种提醒：是否你对接的这个朋友不那么可靠，你以后行事得注意些，以免无端生是非。

"资源"这件事，你得有操盘意识，朋友不是锅碗瓢盆，把他们没事放在物理空间他们自己就会自得其乐，其乐融融的。彼此之间越谄媚关系冷得越快，第一次合作的基础逻辑是，先满足第一个要求，再去加码。

英文有一个词叫Resource，按照伟大的教育集团"新东方"传授给我的词根背单词的方法来分析它，re-表示"一再，重新"。它意思就是资源必须得循环可利用，不能是一锤子买卖。当你们在某个偶然或必然的情况下知道了彼此，那是一个口子，我们姑且认为那是通向光明机会的口子。

但是，很多人在有可能一起行进的途中，干了些"说好一起到白头，你却偷偷焗了油的"的勾当，你发现信任这个东西很难修复，因为某一方的不靠谱行为导致了彼此信任的缺失，本来长久的"资源"就成了一锤子买卖。

所有的事情都一样，当我们有机会去触摸它们，我们要学会珍惜，一次次你做事靠谱的Impress加深对方对你的印象，你用心维护才会变成你的"资源"。而不是说两句好话，送两个小礼物就能让对方认同你，也不表示双方就可以愉快地勾兑"资源"了。

江湖之大，真诚与靠谱是通往一切的法则。前者说的是本心，后者说的是责任。

朋友圈是大型偷窥现场

我们从未真正拥有过一座城市，朋友圈或许是你精神世界的小小城池。

微信有段时间更新了两个版本，一个版本是把打开界面的地球和人换成了一堆娇艳的小花，另外一个版本是把小视频的功能突出了。

微信朋友圈流传着一张图，是关于微信的更新说明：新增朋友圈来访功能，告诉你"他来过"。新增朋友圈停留时长功能，告诉你"他来了多久"，后来证实是假的。

我把这张图转发到我的朋友圈，朋友们一片哀号：没意思没意思。

这个没意思是哪里没有意思呢？

再也不能明目张胆地鬼鬼祟祟了，多感伤！

朋友圈是一个巨大的秀场，你的朋友、亲人、同事们悉数在这个广场上面，演绎着各自的生活，宛如一幅现代版《清明上河图》。读懂一个人的朋友圈，通常能把你积累了十八年的阅读理解能力发挥到极致，你看着每幅图，每段文字，可能都有它的言下之意。

如果增加了"谁来了"功能，首先遭殃的就是那些个暗恋党们。他们每天就靠着窥视对方的朋友圈续命呢，你说公开就给公开了，他们不要面子的啊！那以后的日子还有什么乐趣？暗恋党们，每当生活了无生趣，工作毫无尽头的时候，看一眼暗恋对象的朋友圈，那仿佛是雾霾天吸了一口来自东南亚的新鲜空气，周身都散着舒爽。

看着自己的小甜甜，小指勾勾，带着爱意地点了个小小的赞，希望能在屏幕的那头能收获微微的注意。虽然，大部分时候"然并卵"。增加了这个功能，对于"母胎Solo[1]"二十多年的你来说，那真的再也不会爱了。

工作数年，自从有了微信朋友圈的那一刻，我就习得一身本领，叫"朋友圈三分钟读人大法"。刚加了一人微信，第一时间打开了对方的朋友圈，瀑布流的界面刷几个页面，迅速地捕捉到一些信息，对方是什么牛鬼蛇神便能在这三分钟内一定程度

---

[1] 从出生就一直单身。——编者按

上见分晓。

我一看全是转发的链接，连个点评都没有的，基本上是人云亦云，没有什么独立人格的人；要是天天转发什么成功学的，一定要敬而远之，使不得使不得，这位兄台，我这么不成功还不够格和你做朋友。这些人一般都很浮躁，天天想着一夜成名，你哪些地方可圈可点，这种好事就必须得砸你头上了。

还有一种天天让你帮着砍价，天天发砍价链接，让你给点赞打折领优惠券的也挺吓人的。万年不联系，一上来就跟我说，"亲，在吗？"我如果忙的时候没看到倒也还好，看到了我是回还是不回，好容易鼓起勇气回了一下，"亲，帮我朋友圈点个赞呗，帮我女儿投个票呗！"我天，心里想着不如不回呢！要是都是转发孩子的，没有其他的，基本上这类父母，生活应该也是蛮单调无趣的，没有自我。这种父母对孩子的依赖，超过孩子对他的依赖，等有一天孩子有了自己生活和社交圈，做父母的失落感会很强。不管是孩子还是父母，谁也不是谁的附属品，谁都首先是个独立的人。

还有一种从来不发朋友圈的，这种人吧，要不就是生活得太自得其乐了，有趣到即使独自在家里的卫生间，都能给自个儿开一演唱会，要不就是赚到想赚的钱，睡到想睡的人了，大赢家啊，自己在家玩就够了！要不然吧，就是最鬼鬼祟祟的那种人。要是你暗恋一个人，但对方从来不发朋友圈，多惨，你撩人都不知道从哪撩起。多少发一点朋友圈，还能来一波强行的尬聊，没互动谈什么恋爱，就算是弹棉花也得有个工具呢！第三种不发朋友圈的人，在朋友圈噤若寒蝉，却在微博蹦着最野的Disco。在朋友圈，三天只发一条，微笑着面对世界：我是一个充满正能量的人儿，今天又是元气满满的一天哪！在微博，一个小时发三条，呐喊着："活着就费劲了我全身的力气，好想去死一死啊！"还有一种不发朋友圈的人，可能就是：老了！

还有一部分人，在朋友圈发什么都得显得云淡风轻，其实是醉翁之意不在酒，在乎Logo之间也。有心情的时候，回一个"壕"字，让他老人家开心一下，毕竟对方可能摆拍了五十多张，精挑细选了这张发出来，就是为了炫富炫得低调奢华。君子最大的爱好是什么？成人之美。你捧一下，照着古话说的准没错。

还有天天在朋友圈露腰线、乳沟的女同学，裸露上半身带着些许下半身的男同学和朋友圈一直是同一姿势自拍照的同学，如果把这些照片打印成册，放在专门的平台上，说不定还能赚钱呢！每晚混迹酒吧，啤酒泡枸杞，走养生朋克路线的我也很佩服这些人啊，这些人精气神这么好呢？明儿不工作吗？家里有矿是怎么地？

还有一些"我很美也很有才华"系列，一般这类朋友女性比较多。她们附一些云淡风轻"我是美女"的照片，配一些令人不知所云的文字。岁月静好里透着一股"高富帅在哪里，你赶紧来发现我"的欲望。她们引用的文字没啥毛病，自拍照片单独看也好像凑合，但把照片拼一起，总一种矫情他妈给矫情开门，矫情到家了的劲儿。

还有那种万年顺手点赞狂魔，如果我遇到的话，就屏蔽或者删了，每天点赞是要打卡还是怎么着啊？还有只给老板和各路有钱人点赞的小朋友，嗯，现在拍马屁都改成静音比心模式了。人性从未变过，这就是科技的力量啊！

如果一个女生之前还偶尔发一发朋友圈，突然消失了好一阵，很有可能就是怀孕生娃了，原来有发朋友圈的时间现在都在奶娃。

如果，一个女生每天在朋友圈秀恩爱，也不一定是为了虐单身狗，很可能她就是缺爱或者极度缺乏安全感。

我们能在朋友圈静默地观察一些好朋友的生活状态或者工作状态，对方或春风得意或不那么顺遂。发现朋友生活不顺，高自尊者，我插科打诨，约出来喝茶吃饭，顺便探讨一些解决思路。低自尊者，我会希望对方能以更开放的姿态，愿意和我沟通他遇到的问题。时间是个观察者，每个人的故事都镌刻在属于自己的时间线上，那就是他的人生。

我的朋友圈估计也挺不受人待见的，我一个五环外写作者，三环边投资人。自己写一公号，纯粹为了自娱自乐，没事就一天发个两三篇，跟吃饭一样，别人估计看着也挺烦的。还老发自己参加活动的照片。看着我的人，有些肯定觉得："这嘛呢，谁都没你忙，看起来事儿事儿的。"

那些真正在朋友圈分享生活的朋友，不管是游历山河湖海，还是跨过人山人海。那是你在生活，鲜活生动。你发现了新的观点，经典的图书，有趣的角落，幽默的人儿，那都是你生活的情趣，你参加了活动，有了新的发现，人就是在这一点一点地累积之下，心态变得越来越开放包容。你总能从平凡的日子里，攫取到宝藏，这就是你生活的能力。你甚至还能激励一些人，你也会适时地露出你被生活弄得疲惫不堪的样子。或许一些也同样在低谷的人看到这样的你，会觉得他不是一个人在战斗。

那些在我生命中出现过的、给予我帮助的人，他们闪闪发光的灵魂，我都没有忘记。因为时间空间，各自的生活，忙碌的事情，见面也或许不知道从哪一行说起。故事太多，生活太琐碎，如果你的朋友圈有好好地在更新，我会悄悄地去看一看，你最近还好吗？那是我对过往悄悄地问候，你或许不知道，而我想记得。你依然存在我内心尚未崩坏的地方。

偷窥，是好奇心使然，是坏词吗？那得看做这件事的人带着什么样的心。我们从未真正拥抱过一座城市，朋友圈或许是你精神世界的小小城池。

所有管理者大概都如老母亲一般

见了那么多公司的创始人，创始人的带教能力是非常关键的。

我刚工作的时候，觉得怎么领导都如老母亲一般能絮叨，每周例会一遍遍讲着那几个管理性问题，每周要拿出案例逐一分析，每周都要给我们讲解一些新的知识点，每周都分享新的书目。我那个时候想，老大该不会是个傻帽儿吧？！每周都在说的那几个管理性问题，是我们没有掌握还是领导能力欠缺发现不了新的问题？

现在想想，那是一个领导者的自觉，他要把他脑子里的关注的东西，通过反复地讲解，渗透到员工的脑子里。改变一个人的思维方式是最难的事情。可是，如果要一个员工达到公司业务的要求，是需要这样被反复鞭策的。

后来，我成了一个不爱管员工的领导，跟

我干活要有足够的自我驱动力和自觉。管人是一个非常烦琐的事情，因为不是所有的员工都有就事论事的思维，不是在否定你这个人好不好，而是我们极力地想推动公司的业务往更好的方向前进。

当我转换角色去做一个管理者的时候，我也在不断反思，靠员工的自觉是不是一个好的方法。绝大部分的员工不适合"散养"，你必须要有老母亲般的唠叨以及跟在后面要结果才能更快地完成工作。人是天生有惰性的，想坐享其成的，习惯找借口的。你要有足够的如老母亲般的觉悟，去带教你认可的员工。允许他们犯错，并且还要摆事实讲道理。

我以前的组织行为学老师说，一个人能不能做管理者，带着团队向着既定的目标前进，是需要一种叫Chrisma的气质。我以前觉得这是一个非常玄学的事情，特别形而上。现在见了那么多企业创业者，觉得这还真不是虚的，这个词翻译成中文叫人格魅力或者说领袖魅力，有人给了更精准的解释叫：众生缘。

我为什么说创始人的带教能力是非常关键的。创业企业的模式多数较新，市面上没有现成的模板给团队参照，更多要靠团队的摸索以及试错，这中间必然有碰壁的过程。碰壁并不可怕，可怕的是撞了那么多次南墙后，除了鼻青脸肿却没有长记性。

和我共事过的人知道，我会把"复盘"放在嘴边。也在很多的公共场合说过，我爸爸一辈子跟我说了那么多废话，但就经常让我复盘这件事，至今看来是对我最有益处的。

说起来我年岁不大，每天要见那么多创业者以及相关的团队，回想起来，自己也宛如一个老母亲，每天对同事念叨："做事要有架构感，要先行投入，做事要有闭环，要结果导向，跟客户说话要有话术，拒绝人讲求方法。"那么多年的培训师的工作经验以及从小当班干部的经历，让很多人对我留下"特别能说"的印象。我有时候反思，每天跟创业者、投资人、相关机构合作对象说了那么多话，到底有几句有用的？说话真的是一件非常耗元气的事情，加上越来越多的新员工总是喜欢抒发自己不成熟的小建议，作为管理者，更要拿出一些干货去与他们探讨：我们的出发点到底是什么。

越来越多的新员工表现出他们的职业野心，他们想站得更高看得更远，能成更大的事情。当然年轻人没有什么不可以，我可以有一切想象，一切的梦想，可是成功从来没有捷径。没有什么事是我想就会变成现实的。太多的年轻人的实力配不上野心，只想不做，结果就是他们逐渐沉沦成一个一无是处的中年人，泯然众人矣。

"油腻的中年"是怎么来的，就是经常吹牛，"想当年我如何如何"，反正他人无从考证，还有"我为什么现在如此，就是因为错过了××的机会"。人类有两件事很难，第一个是承认别人比自己优秀，第二个是承认自己是个Loser。谁都知道机会是给有准备的人的，不是同等条件下两个人做着同样的事情，就都能成功。"老母亲"叮嘱这种人一句："如果想走得更远，真的要养成良好的工作习惯。"

地球上有的是好看的皮囊，甚至有人长得很相似，最后他们的命运不一样，为什么？是他们对待每件事的看法不同，有不同的看法后，产生不同的决策，然后变成不同的行为。那句话这样说：心智模式（Mental）决定行为（Behavior），行为决定业绩表现（Performance）。

大多数人到中年的领导人会被人诟病，我以前也诟病过别人。当时我心里默默较劲儿说，绝对不要沦为被人诟病的中年女领导啊！我还希望自己不会变成女魔头。但是，事情还是要做好，混是不行的。现在的我不管被人说成什么，都不能放松对工作的要求。就这样！

听说，有个词语叫『强势』

一百种人可能有一百种强势的样子，理解自然不能断章取义，也不祈求人人理解。

锅小盖是我以前的同事，山东人，一副甜姐儿的样子。经常发来甜滋滋的微信说："小野，我想你了。"我通常会和她唠五块钱嗑。她就跟向组织汇报生活一样，跟我说说她最近的想法。落笔点总是："小野，你就是太强势了。"

什么？强势？这个词到底是个什么意思？我好想弄明白啊！

或许，有的人享受我这种"总攻"呢？

我就去百度了一下这个词，百度一遭，着实觉得这不是一个好词儿，我就开始陷入了批评与自我批评，思考到底这是不是个好词儿。作家朋友倒是门儿清，发来一段话，让我怀疑人生好久。作家说："强势的人，必定有别人看不到的伤痕，因为会疼，所以强势。"

我寻根溯源，把小时候受到过的挫折啊，不公平待遇啊，例如数学考试不及格啊，被老师罚站啊，被同学孤立啊，都回想了一遍，主要是回想哪里让我疼了，搞得锅小盖说我这么强势。我脑子里又浮现了格力董明珠，华为任正非等，他们都挺强势的，一言不合就说一些普通群众不能理解的话，骇人听闻的水平都不需要公众号小编润色标题，阅读量就轻松过十万。

有一年元旦跨年去楠溪江东海音乐节，一行几位好友，每次到吃饭这事上就意见分散，A想吃这个，B永远想吃面，C觉得当地特色很好吃，D永远想喝酒，E永远都随便。过多选择造成大家的犹豫，时间就被浪费了，我总习惯充当那个强势的决策者，可能因为我是狮子座，哈哈哈！尽快决定不仅节约了时间，也会让大多数人满意。

说起来，一件事情总有两面。强势不一定就意味着伤害，就像柔软也不一定总是意味着美好。这句话放在两性关系里面我觉得很合适。四川人讲"耙耳朵"是怕老婆，大部分怕老婆或者尊重老婆的男人，大概是兼听则明吧，还都混得挺好的。脚踏两只船怕对于很多人来说也不是美好。

我小时候当班干部当习惯了，说起来总觉得是"职业伤害"，总是当孩子王，这也会造成我在后来的职业生涯中潜意识里面总觉得事情的发展是遵循一定规则的。当然我也不是什么都会管，大部分时候我还是很粗线条的。所谓心大，就是别人不说的事情，我也不会问，大部分人不跟你提及某些事情，是因为你不足够被信任或者对方还没有走出来。

我总觉得强势这个词语，是要有一定的情境的。就像是无领导小组的面试，在一群人的操作中，总会自发地形成某些角色担当，并没有人去指派你该去怎么样。有个说法叫"温柔有力量"，这是我最近两三年才参悟到的东西。我也会一直暗示自己说，要温柔一些，当自己要飚狠话的时候，换个方式去表达，别人会更容易接受。但是，性子里很多调皮的东西，总是忍不住要去活跃下气氛，这可能是我的幽默感。

每个人形成一种性格，总是有多种原因，强势或者温柔，一个人总有很多的立面，而在短暂的时间里面，我们可能自己都无法读懂自己，更何况是短暂相识的别人，我们用尽一生去自我救赎，去认知自己到底是怎么样的人，想成为什么样的人。

世界需要温柔的人，也需要强势的人，每个人都是流动的状态。山本耀司说过"自己"这个东西是看不见的，撞上一些别的什么，反弹回来，才会了解"自己"。所以，跟很强的东西、可怕的东西、水准很高的东西相碰撞，然后才知道"自己"是什么，这才是自我。你们的"自我"是一个什么样？

一百种人可能有一百种强势的样子，理解自然不能断章取义，也不祈求人人理解。

作家木心说："生活的最好状态是冷冷清清的风风火火。"窃以为，冷清是因为参透生活，风火是依然抱有对生活的热情。

确认过眼神，你就是那只『杠精』

大多数时候，生活的真相根本经不起推敲，细看全是窟窿。

这个话题的启发，源于一次办公室内的讨论。两名上海女同事把一名直男同事"杠"得有点崩溃，我解围说："散了散了，都下班了。"其中一名小仙女还是不依不饶地追着已经在收拾东西的男同事，摆出了"放学后别走，我们大战三百回合，你快来认同我的观点"的架势。

我们办公室因为要经常讨论项目，所以讨论过程会很"杠"，是很正常的事情，因为项目要讨论得透彻，穷尽可能。大家不欢而散之后，我在思考的问题是：沟通可不可以更顺畅？"杠"是不是沟通的要义？他们貌似在探讨一个项目，可是沟通氛围确实不那么舒适，以至于男同事下不了台，吼起来了。关键项目讨论的结果就是——

IP不就是个P吗！没有任何所以然。

这个问题我思考了两天，我怕我认知太局限。就在朋友圈发起一个话题——大家怎么看待"杠精"？杠精本精，喜欢被杠精虐的，不喜欢被杠精虐的都出来聊一聊。

有几个很有意思的观点，拿出来品鉴一下。

热心市民王女士说："杠精在杠的时候，只有想赢这一件事，别的都不重要。"

健忘村的小聋瞎说："受不了被杠精虐，只要是张嘴，哪怕是打个哈欠他们都想让我关麦！"

某个娱乐圈的人说："呵呵，这个话我就不爱听了。什么叫杠精？表达不同意见就不行了吗？哼，小野酱你膨胀了，已经取关，再见！"

王×悦说："我常是被虐的，因为脑子慢，一般不接杠，有时候接杠是为了训练思维逻辑，到了没有逻辑可讲的时候就撤了。然后，私下里还会复盘一下，下次再遇到类似情况可以怎么一杠打翻对方。就事论事，不出现对人的攻击，就不影响情绪。"

晶晶姑娘说："顿时觉得哪里来的这么多有人生没人养的家伙。"

我发起话题的当下，我也在反思我是什么样的。想想自己也蛮喜欢抬杠的。可是，抬杠究竟是不是沟通的要义？是不是一定要站在某种认知和价值观的高地，去让别人一定要认可自己的观点？

如果不被认可，这个嘴炮仗便不算是赢。可是，即使赢了又能怎么样？内心暗爽，哇，我怎么这么优秀，又让世界上多了一个认同者？是某种优秀感的即时兑现吗？还是什么？

以前我做培训师的时候，我大概就干一件事：你别说，你听我说，我说的都是基本正确的。后来，出书后去做一些分享，我常常心怀感恩地说："感谢你们突破了物理空间的限制，来听我叨叨，感谢你们没有曲解我说的意思，感谢你们包容我当下认知的局限，去聆听我的过往的点滴。"

我常常觉得大家在沟通事情的时候，是不能够包容每个人都有认知局限性这件事的。因为，每个人的关注点一定不一样。你看过这本书，我没看过；你喜欢一个我没有听过的歌手；你是学IT出身的，你的思维是if not，我是学艺术出身的，我就是色彩线条感性认知，喜欢杠的人，或者喜欢占领认知高地的人，常常会说："哎呀，你连这个都没有听过啊？！你连这个地方都没有去过啊？！"

几年前看过一本书叫《非暴力沟通》，暴力沟通就是来源于人们的道德评判，就是人们按照自己的道德标准主观要求他人。当你把要求变成语言时，就是暴力沟通。比如，你们常见的，父母拿到自己孩子的成绩单，脱口而出"你怎么考这么差，你看看隔壁的×××，你怎么就不能像他一样啦！"比如，杠精们常说的，难道只有我一个人觉得××××不行吗？书中说我们要做到非暴力沟通，摒弃偏见、傲慢和想羞辱对方的冲动，发自内心的以平等的心去沟通，要在沟通中，表达事实，体会和表达感受，体会需求，提出要求。

作者反复提到了要体会和表达感受，要体会再去表达，可见在沟通中共情性是非常重要的，在很多时候沟通首先是要做到悦人悦己，更高级别的沟通可能是渡人渡己。

另一层更重要的是，如何把我脑子里的认知过的事情，灌输到你脑子里去？这是最难的！是靠我提出的论点比你多，还是我气势上更咄咄逼人？更甚是我用刺激性的语言去让你铭记？我想一定都不是，为什么"洗脑"很难，把我脑子里的意识形态通过反复唠叨达到改变他人的认知并不容易。如果这样就能行的话，管理就不是一门科学了，只要反复叨扰你，你就能按照我说的做了，这就可以了。这个人说的话，我为什么愿意听？绝大多数是情感上的认可，我才会去听他的话。

我常常觉得说话很伤元气，每次培训前我都像一只吹鼓了的气球，培训完气儿都没了，所以我常常很佩服，杠精们随时Stand by在任何一个路口，仿佛一直在单曲循环《下个，路口，见》！

后来跟袁岳学投资，经常能看到很多比我厉害很多的人。我作为一个晚辈，经常观察他们的谈吐言行，我常常跟袁岳老大在一起工作，不太有正行，很皮，觉得自己抖机灵，说几个俏皮话挺嘚瑟的。后来，有一次见到袁岳老大跟一个很Tough的人聊项目，那个人年岁大一些，有一些传统的管理制度说辞。高手永远都是在尖峰时刻见真章。那次的谈话，是我随老大工作以来，记忆最深刻的，每次拿出来复盘还是很受益。那次我就明显感知到，学会闭嘴有时候比咄咄逼人更有力量！

我讲了很多《非暴力沟通》的阅读体会，例如要感知需求。我想作者在传达一个沟通的舒适度的问题，沟通不总在追求舒适度，比如有时候谈判，我们不能让步的时候，沟通双方的舒适度不见得是在一个值。那么这就有一个问题，沟通舒适度的追求，在什么时候需要高值，在什么时候觉得弱值也是可以理解的？

通常来说，沟通舒适的愉悦度高低，跟对方是不是金主爸爸有没有利益关联，有没有有求于对方，这个效果特别明显，没人教你，你也会温顺得像你家的猫。所以，如果一句话把大家都愉悦了还能把事儿办成是不是人世间相当愉悦的事情了？没事儿，也别非要杠着，把事情结了最重要。用李诞的话说："伙伴们，人间不值得！"

当然，也有很多情况，杠发挥着不可磨灭的作用，杠着杠着我们就离真理越来越近了，杠着杠着有的时候跟有些人感情就越来越深了，杠着杠着，杠精发现了自己还有不讨喜的时候，下回怎么能又讨喜又杠。

大多数时候，生活的真相根本经不起推敲，细看全是窟窿。所以，杠精从某种意义上来说，就是一把加特林机枪，扫得生活的窟窿都赤裸裸地暴露在面前。

杠不可怕，怕就怕，杠精是语言上的巨人，行动上的矮子。说起来都懂，做起来就尿，这个我可没法给您写个大写的服！

能说得舒适，绝不说得膈应。

比『中年油腻』
更糟的是『中年浮躁』

冯唐先生说，中年油腻是在自省。且不说被多少人诟病这件事，但凡是自省，便值得鼓励。人到中年，大部分人躺在过往的功劳簿上沾沾自喜。

冯唐先生说一个中年男人如何算是油腻。说啤酒肚，发际线后退，盘手串儿，名人野史如数家珍，保温杯里泡枸杞，总是大谈特谈茶文化、酒文化。一时间中年男子们慌了，本来就快中年危机了，还被社会的舆论调戏，只能摸着自己的发际线，残喘着骂一声：Too young too naive！

我小时候就知道浮躁不是什么好词儿，老师说，那孩子很聪明，就是太浮躁了。多半是说这个人吧，做事没啥恒心毅力，见异思迁，总想投机取巧，成天无所事事。年轻的小朋友浮躁是因为在应试教育下上了大学了，愣是不知道自己喜欢什么，眼高手低，被长辈说几句也就说几句了，毕竟还有大把的时间去试错。如果中年浮躁了，整天一副"我也就是没逮着机会，怀才不遇，否则，哪轮得到他们这帮小兔崽子蹦跶。你可别说我，当年我可怎么样怎么样，左青龙右白虎，天王盖地虎，宝塔镇河妖"。真是你还就说不得了，毕竟岁数摆那里，怎么说也是个长辈。

用同理心去想，人最不愿意承认自己是个废物，对社会毫无贡献，哪怕是街上的小混混，都想着我得当大哥啊，这样才能显得我有价值啊。可是，这个社会变化太快了，社会淘汰你的时候，不会跟你打声招呼说："你赶紧努力啊，要不然我要淘汰你了。"

我们以前骂人："你都二十好几了，还不知道×××。"仿佛岁数就代表学识，你到某个岁数就该知道怎么为人处世，怎么待人接物。但在社会高速发展的今天，明儿从床上爬起来说不定某个知识、某个过往的做法就被颠覆了。

这是一个后喻时代，年轻人快速地掌握了一定的新知识、新技能，是他们在给长辈们传授知识和培养能力的时代。这是一种文化反哺，是后喻时代最基本的特征。

中年浮躁的特点也十分明显：

1.永远觉得自己干啥啥成，因为以前成功过某件事情。

2.仿佛全世界都是你可以随手可用的资源。

3.自己周围永远都是牛得不得了的朋友。

4. 永远都踏在风口上，别人干吗我干吗，区块链，炒股，创业……

5. 觉得自己啥都懂，啥都熟悉，啥都认识。

6. 永远觉得别人的成功都不值得一提，都是因为他们机会好。

7. 马屁拍得永远比活儿做得响。

8. 对人对事有太多的刻板认知，在这个信息时代不愿意重构自己的认知。

9. 摆出一副老资格。前辈的姿态。

10. 和别人共事的时候，说不得！！！

当一个人学会自嘲的时候，他是自信的。说不得的中年浮躁本质是不认可自己的过去，又看不见未来。觉得不甘平庸，但是明摆着机会越来越渺茫，面对社会的快速变化，年纪越来越大，非常恐慌，对前途也没有什么信心。放眼望去，早年勤奋的到这把年岁该收获了，到了这个年纪，上有老下有小，各种家庭负担不堪重负。和别人比较，更是会觉得自己的过往一无是处，焦躁不安。

这就跟小孩平时学习，到期中要开始看考试成绩了，你一看成绩对自己的年岁没法儿交代啊，就开始病急乱投医了。比中年油腻更糟的是中年浮躁，宛如一个跳蚤，别人创业你创业，别人炒股你炒股，总觉得缺个机会让你一夜暴富，实际上你缺失的是一以贯之的价值观。

可怕的不是人到中年，而是人到中年依然浮躁。脑子到心脏的距离，有人走了一辈子，没明白。大约这就是所谓虚妄的人生吧！

吾辈共勉之！

美女们的偶像包袱

这里的美女，大约不是我们一般认为的美女。

外貌的美丑可能并不是这类美女最显著的标识，内心对自我的认知才是最关键的。她在外人看来可以长得不好看，但是在她的潜意识里面，她就是范冰冰第二了。比如，我曾经认识一位女士，刚整完容，割了双眼皮，做了鼻综合，自此就爱上了拍照，并号称自己是HR圈的林志玲。

我这个人在评断事情的事候，尽量把个人情感择出来。如果她真的像林志玲，我断然不会拿出来做例子吐槽的。

所以，这类美女的第一个特性是自认为很美，这种美跟一般群众认知没有关系，自认为是美的，最为关键。

自认为是美的，只是其一，另外一个充分条件是，她要用她意识里的美貌来"恃靓行凶"，更直白地说，她要把自己的美貌作为获取资源的重要手段。

一旦这种"人设"立起来，那么"美女"们的偶像包袱就自然形成了。而这个纸枷锁有多大，就取决于这个妹子对于自己美貌的理解程度了。

我在一个活动上认识一个中年女性，在她的认知里面自己至少有九分姿色，最后一分不给主要是怕上天嫉妒吧，我猜。你自己以为多好看，那取决于你自己有多瞎，跟大家没啥关系。但问题就在于，聚餐时她不管谁请客都要坐在主人桌，全场都得听她从星座讲到命理，再从命理讲到女德。懂礼貌的同桌女生往往不到她停下来喘气，万万不会动一下筷子，也就我等不懂礼貌还胆子特别肥的人，听到命理的部分就肚子饿得根本管不住自己的行动。我真是一个任性的女同学，平时跟别人吃饭，我也没有这臭毛病。

第一次跟她吃饭的，通常会被她的"专业知识"折服，哎呀，厉害了！然后纷纷伸出自己的小手，来召唤命运的神兽，求美女帮忙一阅。美女当下得意的神情，大约是说，你看，无论在哪个场子，我都是全场最野的崽儿。我倒是也不能说我嫉妒她的美貌，关键是每次见面的剧本都似曾相识，有时候甚至"台词"都不改。你的思绪止不住开始穿越，仿佛见十次跟见一次面效果雷同，她把一切都变成了一个范式，像是契科夫笔下的"装在套子里的人"，这个东西，我姑且认为是她的"美女的包袱"吧。

你如果说我上面举的例子太过刻薄，我有时候也觉得，生活嘛，各人有各人的活法，我们不应该Judge他人，包袱怎么了，那也是别人的包袱，跟你没有什么关系。Who cares？大家开心就好。但是！那些职场中的美女包袱，你要是遇到了，怕是你抓狂职场生涯的开始。因为，大部分职场中的"美女的包袱"，是成全了自己的偶像包袱，可苦了后面一群队友、上司、部门的同胞。

作为职场万年树洞担当，我真的不知道一年免费帮着周围的伙伴们解决了多少问题。其中相当一部分是对职场"美女"的投诉。这类女性，大部分符合前面我说的两个要素，另外还要多加一个战斗技能叫"甩锅[1]第一名"。

团队共同配合操作一项工作的时候，她永远站在甩锅的前端。领任务的时候，永远装"小白兔"；撇清责任时，永远像一个冲在前线的刀锋战士。这类"美女"给了自己巨大的"偶像包袱"。"我这种秀外慧中的小美人怎么会犯错呢？错都不在我啊！"她用在数落队友做错事上的认真劲儿，要是用在工作上，你都能相信她可以再为祖国建设发射一颗卫星。

我真的见过太多自以为貌美的妹子，在职场遇到问题的时候，把"锅"甩给可以甩的一切人，而接"锅"的人经常是办公室里脾

---

[1] 甩锅：网络用词，指代出现问题推卸责任的做法。——编者按

气最好的某位男士，她能跟周围的同事叨叨一个下午。哭诉自己种种不幸，宛如窦娥的冤气都驾着祥云飘到了她的面前。

如果不幸，这次的篓子捅大了，群众都指责我了，我不能丢了我的"偶像包袱"啊。"求生欲"告诉我，作为一个美女，永远怕别人说她是"花瓶"，这类美女必须要证明自己有实力，脑子和胸一样好使。美女们就会使出她的绝世大武器，向可以解决问题的某位男士撒娇，让这位男士帮着自己收拾残局。你知道那些万年无人问津的男士相当吃这一套。画面感好像是"我的心上人果然驾着七彩祥云来救我了"。

然后事情解决了的话，美女们就会嘴很甜地对那些男士说："你好厉害啊！我觉得我都有一点要崇拜你了！"这句话，对于大部分中国男人是很受用的，男性在这个时候都要膨胀到宇宙了。如果第一次收拾残局成功了，美女们就会有依赖路径了，以后这位男士就会变成特定情境下的"万年英雄"。说起来，他们也算是"职场备胎"吧！

前段时间，女明星姚晨发表了一个演说《一个中年女演员的尬与惑》，曾经如大姚这样一线的女艺人，如今也会遭遇职场瓶颈而痛苦挣扎，何况我们这类普通上班族呢？

美，本身没有什么错，如果你把美当成唯一生产力的时候，它就是一个美丽的包袱，它也可能是毁掉你的第一生产力，美貌会在某种时候变成你最大的Bug。

美这件事，无论在哪里都没有错。这个问题就在于绝大多数的美女都想告诉世界，我不仅长得美，我的内在也很美。当然有外在美也依然很努力的人，但我这里说的是那些有美女偶像包袱的人。这类人当她拥有了自以为的外貌美的时候，那些她想要完成的内在美的进化，便也没有多认真了，不过是装装样子，告诉别人，我美我还这么努力。

那是假象，不是真的，就像那些喜欢自拍时拿本书的人一样。书是真的，人是真的，读书不是真的。

有一种人，美而不自知，美得谦逊，美得努力，那是一种更美的范式。

老阿姨『毁』人不倦系列

「那个老女人，肯定是更年期到了，要求那么多！」

一个年龄长我几岁的朋友，找我聊事儿。聊完正经项目，拿出自己的简历说："如若可以，也帮忙掂量下，我这份简历到这个阶段能给多少评分？创业三年，总琢磨着似乎做了很多事情，但是，总归有一种慌张。人到中年还是想做点什么的，想带着团队一起看看能成什么事儿。"

我首先觉察出他十分信任我，更敬佩他的坦诚。

我宽慰他说："人总会有瓶颈期，或早或晚。瓶颈期显然是反思人生最好的时期，在这个阶段，你更易想明白，你自己想要什么，想成为什么样的人。"

他感慨地说："当年某一次坐在你家地板上

喝酒的那些人，三五年后再看境遇已经大不相同了。"

一个人能走多远，取决于一个人能看多远，以及一个人想走多远。想也没有用，还得付诸行动，忍受得了践行理想中的荆棘苦痛，分辨得出别人丢给你的是牛粪还是鲜花。蓦然回首，云淡风轻，因为瞥见了更好的风景。

某月中旬去交大做演讲，来的都是"鲜肉"，彬彬有礼，有礼有节。等待我的演讲间隙，孩子们一直在看专业书，不得不说很惜时。罗马非一天建成的，这就是优秀人的复利。而这个世界上很多的孩子，可能还沉浸在游戏的世界里不能自拔，而步入社会之后，他们同样面对竞争，这个复利会放大，优秀的人会想着把每一件事都做得熨帖妥当，被人认可，而另外一些孩子，他们也同样渴望成功，但是他们可能更多的时候不是把心思放在如何做好一件事上。他们不知道事情做得漂亮很多时候会渡你成功，而不是买了一整书柜的成功学的书，然后发现书里的逻辑矛盾。

总有些人，当我跟他谈工作要求的时候，他在谈关系。终于让我悟出：对工作有要求的人和对工作没有要求的人之间，真的存在古老的敌意。

交上来的同样的表格，真的能显出人和人的巨大差别。绝大部分人都觉得表格就是画线的格子，可是任何的表格都能反应这件事的逻辑关系，你的做事思路以及这件事你可能达成的完成度。交上来的所有的东西，也要有视觉审美。甚至，你更需要具备用户思维，如果我站在对方的立场上，我希望这件事如何完成才是最好的。

在面对工作本身，不仅仅是结果导向的问题，意思就是我做了，好不好我不管，反正眉毛胡子我给你凑一块了，算不算个人就另说了。当你有这种思维，做小事的时候，看不出什么损失。可是一旦你站在更高的位置，有些时候这种工作习惯，是会产生很大的工作损失。难道不应该具备成果导向的思维吗？成果和结果不一样。意思是这件事我不仅做了，还要思考如何让参与者都身心愉悦，拍手称好。

我们从小接受的教育里面，都是人要发挥价值。大家都希望自己的工作能够受到认可，可是如何获得认可是谋略啊！

很多年轻人频繁跳槽，一年跳八个公司的，两年二十一个公司的比比皆是。我面试过一些孩子，我面试更喜欢站在人性的角度考察，不那么常规。我发现频繁跳槽的孩子，都有一个特点，他完全不知道自己要什么。他只知道这个东西我好像不喜欢，但是他喜欢什么，他不知道。问一圈好像也并没有什么喜欢的东西，对生活也没有什么热情的样子。

一个对生活没什么热情的孩子，做一件事往往不聚焦一个目标的孩子，我如何判定你能将一件事情做好呢？孩子们总爱跳槽，我总爱问，撇除那些物质的问题，你觉得核心问题是啥？他们总会回答我，因为不喜欢那里，不喜欢某个人。可是，总有个概率，一个公司十个人，一百个人，总会有几个你不喜欢的，你怎么知道你离开了狼窝，下一个是不是个虎穴呢？你并没有想着我如何处理这些问题，也选择自己看待问题的态度和角度！

以个人好恶去选择合作对象，叫基础人格。以能不能成事去选择合作对象，叫超越人格。太过相似的人在一起共事，没办法补位。总是要不一样的人，站在不一样的角度去思考问题，事情才能处理得更完善。

我喜欢一本书叫《清醒思考的艺术》，这是我读研究生的时候，我的管理学老师上第一节课的时候推荐的。女生们爱幻想自己的人生会有玛丽苏剧情的时候，要不要想想，你能达成这件事的核心能力是什么？是长得超出一般的美，还是御夫之术很厉害？男生同样在幻想自己成为霸道总裁迎娶白富美走上人生巅峰的时候，想想你的核心竞争力到底是啥？

年轻人总想着躺着把钱赚了，要自我认知准确，你的能力到底如何？

我们总想着"道"，我要站在巅峰，变成功者。我们悲哀在这个社会只有单一的价值观，但是我们从来不想想"术"如何去达成。

油腻的中年男子喜欢"拉良家妇女下水，劝风尘女子从良"。我呢，大概是到了一个油腻中年女子的境地，总是喜欢教人好好工作，好好学习，没事还得跟人说说"如何做一个有趣的人"，好像自己完全脱离了低级趣味似的。到了一个恐慌的年纪，总怕劝人好好工作、好好学习之后对方一副"那个老女人，肯定是更年期到了，要求那么多！"的样子。

我的工作是与男性聊天

这个世界上的事情大致分为关你屁事和关我屁事。

别人问我："你是干什么的？"我很想回答："耍流氓的。"别人问我："干什么去？"我也很想回答："耍流氓去。"太讨厌解释了。这种回答可以让人省去太多不必要的解释。

朋友圈里面我看起来好像是个段子手，有时候也貌似是个自媒体人，有时候也客串客串主持人，有时候也去企业给员工吹吹牛，也偶尔好像看起来是一个签约书作家。

细细想想，我的工作抽丝剥茧，去伪存真，本质上就是每天和各种男性聊天。每天看项目，和项目创始人聊天，和投资人聊天。至今聊过的项目负责人超过95%都是男性，投资人超过95%也是男性，碰到一个在创业圈志趣相投的女性，会有一种终于在茫茫人海之中遇见你的惺惺相惜感。但实际上，常常一桌饭局吃下来，桌上不超过三个女性。

跟我以前的公司相比，这简直是大不相同。以前的公司98%都是女性，在一群女性中生存，简直太考验一个人的多种商值了。智商、情商是必然的，还得要会唠得一嘴家长里短。

回忆过往在女人堆里摸爬滚打的经历，还能心理健康活到今日，不得不感谢我的自愈能力。

首先，在女人堆里，千万不要做第一，做第一那真的就是把自己推到别人嘴中的舆论中心。第二，你要培养自己，一旦扔到女人堆里，就能被唤醒"男友力"，这样你就不会变成舆论的中心。变成女人的舆论中心，想想就觉得异常可怕。陷自己于不必要的纷争中，对于想高效成事儿的人来说，是愚蠢的。

在标题的斟酌上，请相信我的异常用心，我用的是男性，用男生觉得太幼稚了，用男人觉得太油腻了。与各种男性吹牛已经有些时日，最高峰的时候一天可能得见十二波人，不管是投资人还是项目人反正就是乌压压的男性。然后，他们说着自己的项目，吹着自己的牛，你就能抽离出来，看着眼前人，逐渐形成自己的评价。

丫又吹大发了，都是什么鬼。

这数据骗人的吧，懂不懂这个行业啊！

对面又是一装主，又要开始了……

这人挺靠谱的，做的东西很扎实。

对面这个看着很耐撕啊，其实应该很难缠。

左边这个很正经啊，两分钟可以让他破功吗？

这牛吹的，普通话都跑偏了。

聊项目的本身是非常严肃的事情，有很多专业的考量，聊之前要看很多材料并且分析它们，和项目负责人及其团队要有很多探讨与争论，特别烧脑，常常会晤一天人下来，你觉得自己的CPU严重宕机，超载过热。我们总得学会在难搞的生活中笑出声来，找到其中的乐趣。

你可以把这当成一个相亲的活动，就觉得乐趣多了些许。你就能从对方的颜值、穿着、谈吐、吹牛的夸张程度来判断这个人靠谱与否，如果要投资这个项目能彼此相伴走多久，走多远。当然你听了太多男人吹的牛，你就觉得"你都多大了，还相信男人说的话"这句话是有理论依据的。

看到什么"我要融一个亿""要买一个太平洋的小岛，建立当地的军队政府部门"……这种贫穷限制我想象的项目，也遇到过问半天问题，都围绕在话题周围不直接说到那些点上的人。有一些人，一上来就要摆出一种我气场要压你三分的架势，这种人一般都比较自卑，处处想证明自己的过往无比厉害的，通常也没有一个令自己满意的现在。一直咄咄逼人地要问出一些事情来的人，通常是结果导向思维，这类人精致利己的可能性也最大。很多人不明白精致利己什么意思，就是把自己包装得很好其实内心很自私自利。

这几年聊过很多很多的项目，见很多很多的人，我并没有因此更了解男人这种生物。我只是觉得我更明白沟通这件事，是需要建立统一的语境。一个愉快的沟通原因有种种，一个不愉悦的沟通，我们的内心是不够平和的，我们带着偏见或者不够尊重对方的情绪在沟通，当然会因此产生一些不愉悦。

每个人都会有自己的认知局限，谁都有，但是你把自己在某一方面的长处变成了上帝视角，这就在沟通之初发生了偏移。

我们常常觉得我说了对方就得懂，如果沟通真的是这么顺畅的事情，那么这个世界上就不会有那么多战争、暴动、争吵、谋杀。

我也因此体悟到了，说话要有场景和边界感的考量，以及对方是否能承受得了你玩笑或者吐槽的尺度。边界感在沟通中是极其重要的事情，哪些话该说哪些话不该说。小时候读书读到：一个女人，太四平八稳，端正得过分，始终是不可爱的。所以，我爱开玩笑，常常有些玩笑开在悬崖边上，在这个人会生气和不会生气的一线之间。

我常常反省自己，还是该小心一点，不该戳了某些人的痛处，伤了某些人的自尊。现在多会提醒自己，多关注些脆弱、敏感、自卑的人的情绪。他们的心小小的、嫩嫩的，一不小心就会被伤害到，要多加小心才是。也领悟到学会自黑是多么必要的本领，人学会了自黑，就是强大的第一步。开始正视到自己的缺点与不足，甚至是戏谑和欣赏，我想这都是好的心态。

探索一种更好的沟通方式，让大家的舒适度和愉悦度都高的方式，和人沟通好是一个极大的本领，可以百炼钢也可以绕指柔，愿大家都习得。

他该不会是个傻子吧

如果很不幸，你的老板真的是个傻子，你要么配合演出，要么滚出彼此视线。

签售会做了三场，每次说到职场环节，大家都尤为兴奋，比起不着调的诗和远方、生活态度，这是最能给大家带来直接方法论的部分。所以每每此时，举手提问的人很多。我的答案大多也是麻辣犀利，大家听完瞬间大笑，笑完咀嚼还有三分道理的样子。

所以，就想着要不要做一场"小野酱·大明白职业超度指北"的活动，不求一本正经，但求胡说八道。如若各位看官能留有几分思考，想来我也是造了浮屠了。

有人问我，当我和老板意见向左，我觉得我的决策更优的时候，我要不要让老板按照我的思路去做？这个问题我被无数人问过，可能有时候在叙述事情的过程中，还

90

夹杂着对老板的鄙视之类，顺带点人身攻击。如果是女性老板，可能还要对相貌进行一番抨击，以及两性生活是否和谐，内分泌是否失调，更年期有无提前的恶意揣测。

面对他人这一轮Diss的阐述，在我脑子里常常溜达出一句话："你的老板，该不会是个傻子吧？"我们不排除，有傻子老板，但是通常他能成为你的老板，多少会有一些你没有的优势，哪怕再不济，至少活得比你长吧，熬得比你久吧，多年媳妇熬成婆，总归也是用青春岁月换来的。

遇到一些决策性问题或者定绩效的问题，有反骨的小朋友多是一顿抱怨，觉得老板是闭着眼睛定了绩效和光了腚做的决策。一顿拉扯，内心极度抱怨，大意就是，老子完不成请给老子搞少点指标，哼唧哼唧半天。或者是决策定的跟过往发展策略完全不是一个路子，员工面对改变，害怕失败，又哼哼唧唧半天。

首先，你要不要去撒泡尿照照自己的资质，你对行业的理解够不够Diss老板的水平。你连世界都没有观过，你哪里来的世界观。你连一个公司的基础架构都没有摸清，就想当然地觉得公司应该按照你浅薄的认知去经营，显然是不合适的。

如果你对公司很了解，待了很久了，你基于对老板和公司的情况有了一定的了解，你觉得这个事情的制定是有问题的，该沟通还是要沟通，免得大家心里都膈应。该探讨还是要探讨，沟通绝对是解决一切问题的开始，最怕是什么都不说，直接撂挑子说老子不干了，显然是不够成熟的表现。老板自会从他的角度告诉你，为什么要做这样的安排，如果还是不能说服你，老板也不打算改，那么请按照老板的指示走，他是为决策负责的人。

你可以捍卫你说话的权利，该Diss还是要Diss，但任务还是要完成。毕竟老板找你来，不是为了证明老板不行，而是为了解决事情，完成指标的。

"空降"的部门老大也是很委屈的，外来的和尚这个时候未必会念经。毕竟这清一水比你在这个公司待得久的下属以及不乏"老油条"存在。一个人要笼络一帮人心，是一项大工程。这攘外安内都是事儿，过往职场生涯稳扎稳打，还好点，万一是通过一年一个公司换来的更高阶的职务，可能会在某个时刻，暴露出你所有的技能Bug。有些公司的小朋友可能拧成一股绳来挤对你，真的是苍天绕过谁啊！

"空降部队"的能力以及跟新公司文化的磨合一定需要一个时期。大Boss还是需要给予犯错的时间和空间，并且感情上要表示理解。老同事们，不要总因为别人在企业文化的磨合期时犯过种种小错误，就把人当成傻子。

不要总觉得老板做出的某些举动让团队觉得不舒适了，老板就是个傻子，每个人都有认知局限，每个人也都有自己处理事情的角度与逻辑。心理学上有个说法是穿别人的鞋走一千米。意思是说，你没有体会过他的遭遇，便没有办法理解他的举措。如果很不幸，你的老板真的是个傻子，要么你配合演出，要么滚出彼此视线。

我珍惜每一个游离在我主体生活以外的有趣的灵魂。

马一木，是我的一个网友，我俩认识大约四年了。他有趣这个结论是怎么得出来的，我也无从知晓。大约是我一个远程的觉知。

他是一个媒体人，资深媒体人，厉害的媒体人。

我对他的厉害一无所知，顺手搜了一下，我确认了他这份厉害。标签是：作家，跟韩寒一起搞了《独立团》以及《ONE》。

我们见面串了一串朋友圈共同的好友，为什么我们会有彼此的微信？我回忆了一下遥远的过往，复杂的剧情已然回忆不起来。

过往他在我的朋友圈是一年只发几条信息的人，而最近非常频繁，几乎每天，勤奋地更新着公众号。当我勤奋更新公众号，很有表达欲的时候，大多是心情不是很好的时候，而我又觉得找人倾诉是很麻烦的事情。消解不良情绪需要构建一个语境，它要脱离日常，环境要足够宁静，情绪到位，周围的人足够被信任。这太难了，那么写作吧。看了他的文字，我觉得更应该和他见一面，我私信说，"资深网友可以见面聊聊吗？"

我俩很快约定了见面的时间地点。我们从未见过。网友见面，总是怕头像被美图秀秀修饰得太好，以至于对方根本认不出你而尴尬。而我背对着人群，他一下子就跳到了我的面前，特别好。

他说，我很喜欢你书的标题。

而我上本书的标题，能读懂的人就没有几个，读懂了并关注内核的更是非常少。

他在创业，他是一个资深创作者，他非常聪明，他可以解构内容创作的套活儿和需要创意的部分，上一次给我留下这样深刻印象的，能解构艺术创作的人是蒋友柏，他俩在眉宇之间有几分特别相似的神情。剃青的发型，眼神是坚毅的，总是在思考的，微蹙着眉头，传递出来的疏离感。大部分有内核的人，都有这份疏离感，这类人你一眼望去，就有一种遗世独立的气质。

他一直要抽烟，大概是创作者的病灶之一，必须要通过抽烟来扩充脑容量，我们聊天的几个小时，他烟几乎没有离手。那个时候，上海室内几乎不允许抽烟了，对这些依赖烟的人是一种凌迟。我们去吃饭，我问了他对于一个系列作品的创作思路，对于内容生产者来说，内容创作就是让火苗熊熊燃烧的过程，我居然问思路，问完觉得自己带着职业角度的问句俗透了。

马老师给我说了他在做的一些事情，有自己的独特的审美。他做了挺多事情，每一个都很有质量。优质的内容创作，必然是个苦活累活。小而美，他和我见面后给了我一些形容词，一些标签，我大抵认可，而他是第一个这么直白说出来的人。我们彼此坦诚地说了一些人生的话题，我一直以为他只是虚长我几岁，因为外表看起来他也只是虚长我几岁而已。我抛出一些话题，关于人生，出书，认知，如何做？他举重若轻，抽丝剥茧，赋予了我一个媒体人的角度，触动了我的思考。

我在三十岁的边缘，呈现出了一种青春期倒挂的奇景，明显的表征是活腻歪了。我最近逢人爱问，倦怠期要怎么做？清新资本的创始人跟我说哪有倦怠期，根本没有。我就反思自己是不是太过矫情了？马老师轻描淡写说了一些自己疲乏期的情况，好像在说别人的故事，我姑且称之为通透好了。

我跟马一木吃了个饭，我们吃了个一亿以下的饭，因为他说我们广东人一亿以下都不让女生买单。我期待他公司赶紧定个小目标做到一个亿。借着上海的夜雨，吸入湿润的空气，对谈在我的精髓和神明汇集之处，亮起了一盏小小的灯。

2

四十不腻的形状

想在这一刻，重新认知自己

生活真的太琐碎了，过着过着你就被肢解了。

我写了几年公众号，收获了一小群读者，他们有的说感叹我二百多斤的灵魂如此有趣，因此加了我的微信。其中有一位因为红烧肉的技术还不错，给我送了一大盆红烧肉，这大概就是所谓的红烧肉的友情。两年之间，我们每次约饭每次都放彼此鸽子。

"两年了你真的一点儿都没有变。"

"而你真的沧桑了好多。"

"你们之间到底发生过什么，如此感慨？"

"大约那是一盘红烧肉的故事，比王石的故事还早一点。"

我们聊起很多故事，我们在慨叹，如果再

选择一次，或者我们生活的答案不是这样。时常在想这个问题，我们常说如果生命再给我一次重新选择的机会，我肯定不是现在这般模样，我们总对现在有些许挑剔。我们总是期待，如若我不这么选择会不会有另外一番境遇呢？我不会来上海，我不会跟现在的这位认识，我不会去开店……我们能假设过去，假设现在，我们能坦然过往，这个酒喝得还不算太坏。

你知道吗？我从未想过会离开北京来上海生活，我是一个北京土著啊。

对啊，我也从未想过会遇到现在的先生，他完全是圈外的人，但是就是有很多话可以说，很多事情可以做，他还比我小。

我的每一任女朋友都来自单亲家庭。

我有一阵放弃寻找伴侣了，我觉得自己过得也挺好的。有次一个投资圈内的活动，我的同事拿到了我前任的名片给我看，我当时庆幸，幸亏没有去。

我听着对方的故事，如果人生给诸位再次选择的机会，会不会只是不同场景下的殊途同归？实际上，所有的我们认为是命运的，都来自我们数次的选择，做出某种选择的我们大多数取决于自己的性格。

你每一任女朋友都是来自单亲家庭，我们是不是在享受每一次的个人英雄主义的成全或者精神的自我救赎？我们一定会有一个忘不掉的前任，他是我放不下的过往，不敢揭开的伤疤。我庆幸未曾去那次活动。

有个词语叫心理距离，我以为，我珍藏和对方的这段距离，因为我觉得他的那一篇我翻不过去，可是是否对方真的也这么认为？他衡量和你的心理距离，是否也如你这般放在那个内心尚未崩坏的地方？

感情是最不能用投入与回报来衡量的，我以为种瓜就得了瓜，种了相思豆就会得到相思，你试试，一腔相思赋予了谁？只要日头够久，与现任的岁月够欢愉，没有什么翻不过去的篇章。

看了王小川和许知远的对话，虽然王小川是个天才少年，他只做最正确的选择、唯一的选择、最好的选择。

许知远问："你不会觉得没有别的选择，会有遗憾吗？"

王小川说："为什么要留有这样的遗憾？"

虽然他那一刻雄赳赳气昂昂地回答，我总觉得人生只有正确的选择，他是没有想象的、绝对值正确的、优秀的但是无趣的。

他们都在说着，我找到现在这任先生或者老婆，不在我当初预设的答案内。曾经说一不二的少年，也因为初来上海受到现在夫人的关怀，而乖乖就范到她的温柔乡，他归结为不懂得拒绝，而我却觉得，那就是宿命和劫数。那个放弃了要找伴侣的少女，曾经数次的蹉跎，一不留心在转角处遇到比她小五岁的先生。

寻寻觅觅之后，强扭的情感我尊重天意，不打扰是我的温柔。拧巴的抑郁症的艺术家女朋友也因为你的摆渡，发现了新的世界，你也不再是唯一的依靠。

生活还是会有牵绊琐碎，你们斗气说，我特别想放下一切说走就走，如我年轻时候的那样。很羡慕村上春树的小说里所有的主人公都跟世界有着强烈的疏离感，没有父母，没有朋友，没有牵盼，孑然一人。你说你很羡慕这样的人，而如若置你于这样，你大致会想说，存在着好没有价值，没有被需要的感觉。

世界上有好多种长大的方式，你可以走着走着突然明白了某些道理，也可以突然忘记了你怎么都弄不明白的事情。比如，我对他那么好，付出那么多，他怎么就离开我了？我们有太多弄不明白的事情，有的甚至无暇思考，你就渐渐变老了。

我想重新认识你，从你叫什么名字开始。

你好，我叫小野酱。

把自己
交给时间吧

怕会忘记，便学着记录，可是学着忘记也是智慧，人生的矫情和踟蹰大概就会出现在我这把年岁。

二〇一七年十二月三十日带着那本《把你交给时间》出发去东海音乐节，那是许久不见的畅快与欢乐，和看见朴树《清白之年》的泪眼婆娑。

旅行是为了什么呢？说不清是为了什么，可是总有重新出发的冲动，还没有学会和世俗妥协的我，就这么倔强着。那一车的少年，会跳蒙古舞的二毛，唱歌天籁的虎子，纯爷，貌美秀气的小久，还有我，我们开着吉普车，一路高歌而去。不知疲倦的我们啊，一路狂聊天，一路吼着歌。

这一路的山是黛色，有云雾缭绕，穿梭重山之间，猛吸几口空气，大自然的灵气便通体注入。我看着闲书，大家说，可以读给我们听吗，我们传阅着书，每人读一篇，我想彼时眼睛留恋文字，优美的话从嘴里传递出来，这是离文学、离美最近的时候，读着这本关于旅行的书，品味着文字之间传递的孤独，我们沉浸在这种氛围中，享受着了然了作者意境的小确幸。意外的是我们说了一路，没有人睡觉，每个人都亢奋地聊着艺术，聊着理想，聊着文学，那是我许久未感受到的氛围。

晚些时候到了我们楠溪江边，温州的美食可圈可点。名字很有当地特色，做法也可圈可点。用酒腌渍的蟹黄蟹膏，鲜之余还有一丝酒的香醇，尾调是甜甜的，层次丰富，值得回味。皮皮虾体格巨大，大家纷纷掏出手机，比手指合影。看着大家一副没有见过世面的样子，我露出了老母亲般充满喜感的微笑。喝一口热乎乎的椰汁打蛋，周身舒畅。来一波螃蟹老酒，鹌鹑蛋还是溏心的，萌萌地包围着螃蟹，喝一口老酒，有蟹的鲜，大呼满足。小久是温州本地人，一边看着我们大快朵颐，一边介绍着，有一个像萝卜一样但吃着跟土豆一样的东西，是温州当地的蔬菜，叫"盘菜"，我反正在江苏上海没太见过。

隔日，诸君迎着朝阳去古镇遛弯儿，每家每户都有腌制的酱油鸡啊鸭啊，在太阳底下，闪着油光，味儿诱惑，小久一边说很好吃，我们一边踏着香味去乡村深处，也是许久没有这种无所事事的溜达了，路上有村民卖的各种自制的好吃的，我们忍不住啥都吃一点。当地的鱼丸汤很好喝，海鲜面超级大一碗全是海鲜，才十五块一碗，路边的梅菜扣肉饼比人脸要大很多，掰一块，嘎嘣脆，有梅菜扣肉的香。去当地最有名的牛肉面馆叫上五碗面，牛肉现切，倍儿香。

莫名喜欢上了当地的名小吃——瘦肉丸。不知道是不是因为冬天太冷了，喝了一碗瘦肉丸汤，用来续命，因此对这款食物的印象特别好，基本上每顿我都来一碗，回上海后，难得聚会，我也吵着小久帮着做一碗。这款食物，在我的记忆会留存很久，除了那一口续命的温暖，还有虎子、二毛、纯爷、小久的脸，是那么清晰、温暖、有少年感。跟他们聚会总喝酒，一喝酒就开始高唱民谣，这些人总是会给我一种久违感，而萌发一种感动。

村庄的古老建筑，映照着远山，一片葱郁，太阳从植被中闪耀出来，绕着村庄的河流，澄净的绿色，倒映着我们每个人的笑靥。水车在村口，激荡着水花，喜欢听各种水的声音，总是能让人快速安静下来，抽离出当下。楠溪江很美，沿着水流的方向，眺望远方，可以瞥见它的蜿蜒，江上的白色帆船，增加了景色的诗意，总会想起"孤帆远影碧空尽"这样的诗句。

我问虎子，"音乐节对你来说像什么呢？""不像什么呀，就是喜欢音乐人的节日。"我们走过路边，每人端着一杯野格，我拍着写着"野"字的大旗，内心窃以为这是我的Flag，如此高昂，骄傲如我。南方书店的展厅里，有吉他弹唱，悠扬隽永，全场大合唱，氛围极好。旁边的唇印展示，虽不知所以，但是也看得入迷，想着这是哪个色号，哪个色系，哪家的系列。

路边有一堆房车，人群的欢呼，篝火瞬间起来了，所有的人，围着篝火歌唱，火光照亮了每个人的笑脸，篝火不时发出噼里啪啦的声音，火星飞起，飘向空中，消失在夜空中。国外乐队，让现场燥起来，整个现场如流动的盛宴，人群随着节奏摇摆，你能感受到人群的欢乐，这种能量的传递。

窦唯带着自己的父亲来了，《殃金咒》简单的章节字母介绍，纯音乐，关掉所有的光，只有乐器和窦唯的剪影，台下直呼听不懂，窦唯淡定演奏完，介绍了自己的父亲，淡定下场。观众们高呼来一首《无地自容》，窦唯在不断探索自己的音乐表达而观众们还停留在当年的黑豹。

杭盖乐队的出场带起了全场的又一个高潮，二毛兴之所至跳起了蒙古舞，所有的人围成圈，加入了进来，你能感受到那种欢乐与沉浸，忘我的表达，音乐所带来的情绪。倒计时开始了，烟花早就按捺不住，早早地迸发出来，大屏幕开始计数，人群同步，我们大喊着数字，我们扬起头，看烟花在天空中来了，又去了，照亮了身边的人的脸，又变暗，我们迎接新年，欢乐氤氲在人群中。

朴树来了，场下的人每一首都会唱，每一首都是大合唱，这个陪伴我们成长的大男孩，面庞越发消瘦与清冷，一群人一边唱一边哭，你不知道是为了曾经陪伴我们的这些歌，还是因为岁月的流逝，抑或是歌词让你记起一些过往岁月，总之一边抹着泪，一边高声地唱着。

把我们交给时间吧，那些渐行渐远的清白之年，带走了岁月，庆幸我们还尚存一丝少年感，那些我不想轻易妥协的东西。记得虎哥拿起针线帮我在海鲜面馆钉扣子，记得喝了好多好多酒，说了好多好多话，怎么可以聊那么久的诗和远方呢！还有好吃的油渣，还有附送的擦手湿巾上写一些有的没的情怀，给人增添一丝感伤。

薄情的世界，温情地活着

人生的底色原本悲凉，我还是希望
我写的东西是带着光明的尾巴。

如果可以，我想不将就

A小姐是一个纯粹的人，尤其是我半条腿在资本圈溜达，觉察出这种纯粹尤为珍惜。她会弹吉他，清亮的小嗓音唱出来的宋冬野别有一番情调。最近在钻研做菜的技能，据说成果了得。一言不合就买张机票去有故事的城市浪，用三十七码的马丁靴丈量旅途，全世界都在她的脚下，笑起来就是一个纯真的小女生，笑点很低哎，我随口说一个冷笑话，都能笑很久。读诗的时候，很安静很美，就像日本电视剧里文艺的女生一样。

我欣赏她这份恣意，但我们见面的次数屈指可数，这份纯粹在我心中依然在很重要的地方。有时候彼此是不是一类人，可能飞对方一个眼神就懂了，就好像歌里唱的，只是在人群中多看了你一眼，因为欣赏，我会主动当一个狗腿的傅机跟你多攀谈一会儿。

每一个化茧成蝶的人，都有一个艰难的蜕变过程。是的，她离婚了。她以前觉得要找一个需要她的人，后来她发现自己找了一个"妈宝男"，决然离婚。如果不能够成全彼此，那么为什么要在一起？她丰富，有趣，纯粹，文艺，得找一个配得上她的人，她执拗，不将就，那就纯粹地单着，直到那个懂她的人出现。

我们见面次数不多，她总会在一个不经意的时间想到我，然后滔滔不绝地说一些最近的感想，当下的体会，世俗的浅见，有时候会顺嘴提一句最近遇到的男生。每当有人向我展现她不为人知的柔软面，我都很珍惜他人对我的这份信任。

如果可以，我们愿意不将就，因为不将就，世俗可否给我们多一点时间？而不是站在道德制高点说："我这都是为你好，女孩子三十岁前嫁不了人就没人要了。"到底生活是为了完成任务，还是让自己开心？主动选择有质量的单身，是罪过吗？是碍着张三李四王二麻子了？！

如果可以，我想不被打扰

我自己有个原则，如果有些私事，别人不说，我不爱问。但是，总有"八卦纪检委"打着我要还世界真相的旗子，把人家不愿意露出的伤疤揭给世人看，获得一种自以为名侦探柯南的快感，我觉得这种人很卑劣。

B小姐，爱折腾，长得美。长得美的人被聊骚那不是必然的吗！她敢爱敢恨又果决，爱就是爱了，飞蛾扑火，不爱就是不爱，斩钉截铁。每个人都想被生活温柔对待，心热的人遇人不淑的概率更大一些，她们会为蓦然回首的心动，全力以赴。这一般只会有两个结局，要么她们吃男人不吐骨头，没羞没臊在一起。要么对面的男人吃女人还爱吐骨头，见一个吃一个，俗称渣男。

B小姐在婚恋市场行情火热，毕竟天生娇媚，巧笑倩兮，美目盼兮。爱舞文弄墨，还出过一本书。是的，她未婚，她有个女儿。有人说她代孕了，有人说她自己去香港把孩子生下来了。不重要，她现在过得开心最重要。

能不能有这样一群女人，她们只喜欢小孩，但不想要男人？！

但是，在当下的环境里众人就会觉得你没老公就有孩子了，一定不是什么好姑娘。什么道理！这个世界的强盗逻辑，往往超出我的想象。

如果可以，我选择不说

C小姐是我一直欣赏的人，我们第一次相见是在一个会议上。反正大家都不认识，碰到了就三两句寒暄。但是，当时的我明显感到了她的铠甲，我单纯地想，可能她不喜欢我这种长相，或者我的谈吐让她觉察出不适了。我也很绝望啊，我又不是人民币哪能人见人爱。

我们加了微信，她存在在我的微信里三年，我们私下没有说过一句话。这情况在谁的朋友圈都挺正常的，毕竟你的生命中总有路人甲乙，但我还是关注着她的朋友圈。C小姐的朋友圈像一幅工笔画一样，刚开始是无颜色的，描线也看不出太多东西。慢慢地有了颜色，有了趣味，一遍一遍，她变成了有颜色活泛起来的人。我惊喜她的变化，我猜想她是走出了某些曾经她化不开的事情。

我很欣喜她的变化，我甚至觉得如果每一个离婚的人，都如她一般绚烂多彩，知道自己要什么，那么就不会有那么多的哀怨。因为这种哀怨往往会波及孩子。某次，她轻描淡写猝不及防地说了她的过往，从无助的时候，迷茫的时候，用铠甲包围着自己的时候说到现在过得有滋有味的生活和她正在读高中的女儿。

不是所有的人都能从过往婚姻的不快中走出来，在这个充满直男癌的社会，我们太喜欢用固化的标准束缚住自己，生活是选择题，离婚结婚都是选择题，一个人选择结婚是为了成全自己，一个人选择离婚是为了成全彼此，我们总是狭隘地认为，如果一个女人离婚了，就是没人要了，就掉价了，Come on，人又不是超市的大白菜。

当然，我更要提醒你们的是，当我们还不具备对抗世界的铠甲，请保护好你的"不想说"，保护好你的柔软，因为这个世界不是所有的人都抱有善意。你不知道哪天对某些人的信任，会变成一把匕首在背后刺你一刀。

题外话，我常常觉得做一个观察者比一个表演者更有意思。所以，我通常都不屏蔽我朋友圈的那些"戏精"。把他们放在足够长的时间轴上，你是能当一部狗血电视剧看的。结论就是，千万别没事屏蔽了微商以外的人的朋友圈，否则聊天的谈资都没有了，多尴尬。

如果可以，我不想被Diss

D小姐中年离婚，没有孩子。如果女人离婚了，不管她有没有孩子，都会被人说得凄惨。如果她有孩子，世俗会说，你看这个女人真不容易，离婚了还带着一个小孩，好辛苦哦！如果她离婚了还没有孩子，世俗会说，你看她离婚了，都变成老女人了，而且连个孩子都没有！

我听到这些桥段的时候，除了对于这种对话的愤怒，可能没有别的情绪！那些拥有独立人格和对生活有态度的女性，为何要被一些直男癌价值观指点？这种评判我往往觉得可耻，他们反而拥有很多的骄傲，跷着二郎腿，拿着一壶茶，心里使劲儿唾弃，仿佛唾弃完这些没有按时完成作业的人，他们就是人生赢家。

我们为什么要完成这份试卷，我们可不可以，拿着这份试卷，任性地选择不做。我就交白卷，但是我依然享受肆意人生。

如果可以，我想找自己

E小姐跟我说，她要辞职，因为这不是她要的生活。她说她想做一个手艺人，或者待在一个乐意的地方。她跑去跟她老板说了这样的想法。她老板觉得她幼稚可笑！你这一把年纪了，工作只能说还行，还单身，还老有些乱七八糟的念头！可笑不可笑！

她说，如果穷困潦倒就会很惨。可是我说，不管怎么样我都觉得你是英雄，因为这个时代愿意正视自己内心的人太少了。

所以你的工作是你喜欢的吗？

还是只是你的营生手段？

或者，你还会有直面自己内心的想法！

在台湾有一个很有意思的词汇叫：败犬女。是说一个女的如果到了三十岁，即使高学历，高薪水，事业还不错，但是没有感情的归宿，无论你职场上多叱咤风云，只要未婚，你就是人生战场上的一只败犬。

好讽刺的词汇哦，我就是想再去试试有没有更合适我的工作机会、生活方式呢！我就是觉得现在一个人的生活很开心呢！我可以不可以迷茫得比别人久一点，那个堵在半路上的要与我人生遇见的先生，因为是你，对的人，晚一点也没有关系呢！

年少早熟的人通常也成年晚熟，他们并不是晚熟，只是要秉着最后一口气，不向这个恶俗的世界妥协。

而作为别人人生的配角，我们能不能拥有更多的Peace&Love呢？不要随意绑架他人，不要轻易地裹挟他人，不要按照你的标准去要求别人，不要逼着别人说自己不愿提及的过往，不要上帝视角看他人，不要带着嘲笑去评判对方，你不是规定的制定者。

别人诸多苦乐，不打扰是我们的温柔。

从我的私心来说，希望这篇文章被更多的人看见，这篇文章写出来是有一定的导向性的，我周围有很多很多这样的女性，她们主动选择生活，她们的选择不在世俗的标准答案内，我希望她们幸福，并且希望那些恶毒的直男癌们散开，就像恶灵散开一样！

学着跟自己相处，
发现自己真不好相处

「鸡汤」古来有之，随便盛来就是一浴缸。

《论语》搁在孔夫子盛名之下谓之经典。如果那本《论语》是我写的，你们肯定说，那就是"鸡汤"。

"人不知而不愠"，别人不了解我，我不生气。这句是圣人遗风，要是出自我口，你们肯定觉得这是扯淡，毕竟我算哪根葱。"欲速则不达，见小利则大事不成"。搁现在最重要的就是速度，对标美国的创业项目，半年就是一个周期，岂能不快。有钱不赚，是不是傻？

清代作家钱泳（原名钱鹤，字立群）的《履园丛话》中写过一篇《要做则做》。原文是这样：后生家每临事，辄曰："吾不会做"，此大谬也。凡事做则会，不做安能会耶？做一事，辄曰："且待明日"，此亦大谬也。凡事要做则做，若一味因循，大误终身。

这一则文章放在现在还是很好用的"鸡汤"，就是要告诉你，所有的事情不要碰到了就说自己不会做，实践出真知。

我也不知道我写的算不算"鸡汤"，至少很多时候我都是给方法论的。江湖上有一则"鸡汤"说：人啊，要学着和自己相处。我也在某个采访中说："活着要想明白三个问题：存在，态度，沟通。"

后来，我学着跟自己相处了呀，发现自己真不好相处。

我不就是膈应、作、拧巴、奇葩、丧本人嘛！

以前，我没事老嫌弃自己的出厂配置。比如，小时候嫌弃自己长得不好看。哎呀，总是觉得，我要有×××的脸，×××鼻子就更好了。等整容技术风靡全球，地球人民都去改出厂设置的时候，我怂怂地不敢去了，开始安慰自己，这样也挺好的，是不是作？！

没事儿嫌弃自己的脾气不够柔和，不像有些女生软萌软萌的，说话嗲声嗲气的，可招人疼了。后来，行走江湖了，发现这一身自己不待见的江湖气，管用。曾经的老板还隔三岔五地说："你看你那个嗷嗷的劲儿，结果导向不啰唆，还挺招人待见的。"是不是拧巴？！

眼瞅着到了而立之年，老嫌弃自己光长肉，长脾气，长年岁，不长点智慧。也不知道"立"的支点在哪里。些许慌乱，可是也得承认我不是天才小孩儿，所以凭什么得是我成功，平庸是意料之中的事情，那就脚踏实地地去做，期待某一天被聪明的各位赏口饭吃，用实力让情怀落地吧。

我立志就想做一个"女流氓"，因为社会对于女性的偏见太多，我想突破那些框框，好像只要是"流氓"，就可以有理由不受指责。以前别人找我做演讲，问我怎么看待女性职场受歧视这件事，我说我不觉得我受到了歧视，后来演讲完回去仔细想想，我不受歧视，可能因为我足够强悍，没忍着这份委屈。反思，当我有在公众面前有话语权的时候，有时候一句顶一万句，所以说话更要慎重。

焦虑是这个时代的通病，因为这个时代对于成功的定义太过于单一，我们只有一个维度去看待成功。这个时代的年轻人想跟自己好好相处，但是都逃不出那种慌乱感。我们打心眼儿里不愿意接受上一辈人说我们是垮掉的一代，我们打心眼儿里不愿意接受所谓的人生的标准和定义。

当社会认知和自我认知产生Gap的时候，我们就开始拧巴了，我们总是想要的太多而做得太少。我们总是想遇到更好的伙伴和对手，而我们鲜有反思自己是不是根本就没有入场的资格。我们既想要活得特立独行，显得有性格极了，我们又想活得八面玲珑谁都讨好，这太难了。

别灰心啊，谁还不是丧着丧着就习惯了。我们总要学会和自己和解，接受不完美的自己，学会自黑且学会自拍，尽力接受自己的不堪和发现自己的美。

杨绛先生提点年轻人：读书太少，想得太多。

对，就是说你们呢！也包括我。

那怎么办，努力呗，向上啦少年！

谁不是一边喊着热爱生活，一边又不想活了呢

每个周一，我都很丧。

或许是我年纪大了，虽然总是告诉自己要热爱生活啊，生活好像也没有深切地热爱过我，呵呵呵。这个社会提倡正能量，我们一边被宣扬着正能量，一边被生活打回原形，然后跟自己过往建立的三观不断拉扯，然后告诉自己，嗯，一切皆可以解释为"正常"。

每天早上我朋友圈都是滚滚"鸡汤"，开始我还不太理解时常吐槽，这就跟你每天上班前，对着镜子跟自己说："加油，你是最棒的。"效果绝对等同，谁不是一边喊着热爱生活，一边又不想活了呢？一股脑的都是自我催眠，要努力、要正能量、要拼搏、要勤奋、要珍惜时间。

我常常自产自销"鸡汤"，还号称自愈能力

极强。也不爱和别人倾诉烦心的事情，一堆大道理，可以说给自己听。遇到不开心的事，以前都一个人待在角落里，睡一觉吃点好吃的就好了，觉得不打扰别人，不把负能量带给别人挺好的，还骄傲了很久自己有这样的属性。有一回遇到一个老朋友，他说："你知道吗？你看起来是和谁都能说上话，又谁都看不上，感觉什么都不需要，什么都不在乎的样子。"我才意识到我给人的疏离感这么强，好像谁都走不进我心里。

某年的整个三月，我周围的人，都像被下了降头一样，五米开外就能看见周身冒着白气的那种丧。每年总有三百六十五天不想工作的日子。我想给他们快乐、安慰，可是我发现，我甚至连自己都说服不了。开始我从未意识到，有一天晚上，我在床上拿着手机，就一直刷朋友圈，也不回复也不点赞也不要干吗，就一直刷新刷新，等到了十点的时候，回过神来。

自己为何会如此？好像平常不这样，我意识到自己是莫名的焦虑，说不上来的垂头丧气。回想起前辈跟我描述的在这个年龄段的焦灼感，不管是前进还是放弃，进一步感觉无路可去，退一步觉得不甘心，又未达到世俗所谓的功成名就，总之就是心里焦灼。所有的人都在人生的路上奋力前行，总有一些孩子会在雨天惆怅，慨叹成人的世界真的是一点都不好玩。

那天看了电影 *Eat Pray Love*，很受启发。它像一本女性情绪生活指南，"你的情绪是你想法的奴隶，你是你情绪的奴隶。"要做强大的自己需要克服情绪化，我们终究不想活在丧里，但是这个社会一直强调成功学，结果导向，正能量，好像丧很可耻。我们无视丧，蔑视丧，这并不代表人不会有负能量，它存在并且需要我们好好消化它，用各种你认为可能有用的方法排解它。

生活的本质难道不是跟无趣对抗吗？某天我要见两拨创业者，上午的来自贵气逼人的阿里巴巴，他85后，从在阿里上班就开始吃安眠药，收入方面已经很不错了，但是他觉得活着特别没劲儿，无趣，一直失眠。没钱的人想象着自己有钱那天该多么快乐，可以喝酸奶不舔盖儿。可是有钱的时候，才发现把酸奶盖儿舔得很干净的乐趣再也找不回来了。

下午我又见了一个创业者，我俩去见投资人，他跟投资人慷慨激昂了很久，出来之后压力释放，我俩开车走高架回公司，他给我唱了一路的Hiphop。我完全被他的状态感染了。这么昂扬的态度，我相信他甭管遇到多大的事情，总有一天会凯旋。

生活和诗意之间，总是有着古老的敌意。作家里尔克说的没错，越压抑越想逃离。以前我给员工做心理辅导说："你不能选择事情，但是你可以选择对待事情的态度，好的态度可以化解问题，坏的态度可能加重问题。"那日回想起来，觉得可笑，人总是安慰别人的时候一套一套的，自己陷入不好情绪的时候就束手无策。

*Eat Pray Love*里面说："悲痛宛如一个特定的地点，时间地图上的一个坐标，当你站在悲伤之林，你无法想象自己走出林子，去到某个更好的地方，但若有人告诉你，他曾站在同样的地方，而

今已走向新的希望，这有时会带来希望。"

我想你们也有这样的时刻，我们要原谅自己丧的时刻。就让我们丧一小会儿，嗯，来日再战吧！

幸好我们还可以选择
与谁同行

这个世界上随随便便的成功都在成功学和微商里。

在投资圈里插科打诨了这么长时间，故事听了不少，事情也了解了很多。跟所有的圈子一样，这里声色犬马，要啥有啥。有为了投资某个项目离开原有团队的人；有发现所在基金初心不对，另起门户的；有去了自己钟爱的所投项目，All in的……这个圈儿太精彩，是生动的三言二拍，圈里有太多聪明的人、理想主义者、圈钱的人、满嘴胡言乱语的人、想改变世界的人。

我想，我是一个有点理想主义的人，有一点小小的梦想是想影响这个世界，不管这个牛吹得成不成立，反正，我有意愿。如今，我选择工作的理由，也早已不是混口饭吃，不管是投资工作本身还是选择合作对象，我都在挑选同行者，是希望找到那个走到更好彼岸的人。

二〇一九年一月二十六日跟这个基金团队的第一次会面，到二〇一九年五月二十三日这个项目尘埃落定，这一路有太多值得回忆的东西。

选择项目或者人，价值观是第一位的，不作恶是基础，善良最好。我初见该基金的负责人的时候，我好像是看到了多年后的我，对方这么毒舌，居然还能活得这么好。那我也应该不会如我朋友说的那样"活不过第二集"。毕竟，拥有向善的心，和人交往没有那么多的套路，总会有人洞见你的真心，选择与你同行。

我其实很怕别人评价我说："对，她是个好人。"这个意思就好像，你别无优点，你只是个一无是处的好人。生活关系的建立，可能以你是不是个好人，善不善良为基底的，但是选择项目以及同行的人，能力行不行更重要。"能力"无非就是专业技能、基本面分析、沟通能力……当然，基于不同的个体，还会有一些其他的衡量标准。至于专业的衡量，是有多个维度的。比如这个人是这个学科出来的，或者这个人在这个行业深耕了很多年……

创始人自信很重要，我这种嘴欠的人很怕和自卑的人沟通，多半是你无论说啥，他都能对号入座，然后自己插自己一刀。所以，自信太重要了，专业的自信，人格的自信都很重要。最怕不够专业，自信又没有，做事畏畏缩缩，怎么看都觉得合作是浪费彼此的时间。建立信任度这件事，很大程度上，看气场。气场不合适，得折掉一半时间，专业没有，又得折掉一半时间，还有一半时间得安慰他脆弱的自尊心。创业这件事，无论从哪个维度都不允许玻璃心，孤独是肯定的，做决策没有参照。方向感也很重要，知识结构也很重要，没有一定的思维模式，怎么能把创业道路和选项由宽泛做到垂直然后细分落地的一天？

执行力就是当我们决定是不是同舟共济之后，很重要的维度了。当然，在准备材料之初，就能看出个一二了。准备材料之烦琐，牵扯的对象之多，还能非常快速地给到反馈和保质保量地去完成，并且大家的微信群非常多，每天收到的信息很多，有没有不放弃的精神去持续地跟进也非常关键。跟进一个案子不容易，当我们决定好好去做的时候，很怕做到一半就没有理由地放弃。有一个关于挖井的寓言故事。有的人，今天挖个坑不对，明天再挖一个，后天再挖一个，发现周围深耕一个赛道的人，挖到了水，一脸的羡慕，而自己什么也没有挖到。别人在深耕的时候，所忍受的孤独、踟蹰、焦灼、等待和耕耘，你未曾看到。

这个世界上随随便便的成功都在成功学和微商里。

坚持和不放弃，是我刚工作的时候，我的大老板反复强调的。他一直告诉我说，"要坚持，坚持，再坚持和结果导向"。已经有小十年的光景了，我依然记得这句话，并且一直在践行。一件事情，不管从哪个维度去分析，都是正确且对于集团发展有利的，为什么不提早布局？等到其他玩家都上桌你才意识到那你根本没有资格上桌了，华为提早那么多年去做"鸿蒙系统"这件事，已然证明了战略思维的重要性。

大多数人活得太幸福，退路太多。大多数人迷失在生活中，这也行那也行，不工作也行……那我们到底要成为什么样的人？我们可以不断校正人生的细小脚步，但是，冥冥中总会有一些力量告诉你：对，没错，就是那个方向。我们把这个称之为直觉，可是直觉是什么呢？是父母从小对你的教育，你读过的书，经历过的事情，对自己的复盘，最后呈现出来的你对生活和事业的理解。直觉并不是没有根基的花。

我常常庆幸生活对我真的太好了，我周围所有的人都在帮我，感觉自己都快膨胀了。前辈说："世界对你的样子，便是你对世界的样子"。等待结果的过程太过漫长。知道结果后很是安慰，答案对于我只是迟到，还不算是缺席。感谢生活赋予我的一切，每当我颓的时候，就会有好消息敲我的门。

约翰·列侬说："所有的事到最后都会是好事，如果还不是，那它还没有到最后。"

人只有在屄的时候
才能看清自己

大概是在这里，我终于清醒地认知到屄屄的自己，其实有那么多不能为的事情。

学潜水时的溺水感，映射出时常无助的人生。潜水ow（开放水域潜水员课程）的考试，还有考不过的人吗？我周围的每一个人好像都很自然地通过了，而我克服对水的恐惧就花费了比一般人要长得多的时间。

以前总觉得自己还挺能的，现在才发现自己有那么多不能的时候，因为不能，便会明白，你要对世界有敬畏之心。

我的脑海中像过电影一样，回想着过去两年半的上海生活。遇见的人，尤其是让我糟心的人；遇见的事儿，尤其是让我糟心的事儿。我一路昂扬而去，当年的我要告别当下的安逸去上海闯荡。告别那些熟悉的面庞，和曾经一路相依相伴的好朋友。

我比以前更忙碌了，每天都面对未知，我认识了比我厉害很多很多的人。他们以前活在我看过的杂志里，看过的电视里。如今，他们站在我面前，离我那么近却又那么远。有时候我们只有五米不到的距离，却时常感觉一眼千年。周围每一个人都是学霸，每一个人都背景辉煌，还那样努力……

我几乎每天都火力全开，努力工作，每天见到形形色色的人，能够称之为好人的，能够称之为坏人的，还有很多不痛不痒的。我也时常迷失，时常迷惘，时常焦虑，感觉有好多的事情要做啊，有好多的人要见啊。

前几日回南京见好友，一位和我差不多前后脚去上海的好友，向我表述了自己对上海的生活不适应，他看了我一眼说："你看着适应得还不错。"我看了他一眼，深深地叹了口，诸多话语，都在脑子里，我开不了口，个中滋味，都在酒里吧。我对自己喃喃了一句："可能看起来还不错吧。"众人起哄，拿起酒杯说："敬敢去'魔都'闯荡的人，都是英雄。"

我人生最长时间的挫败感是从上海的生活开始的，总是不满意自己的表现，总是觉得可以更好，总是在反思自己的行为，总是在质疑过往。就像在一个漩涡中，你想呼喊救命，没有人听到，又不知道如何自救，向谁求救，漩涡像黑洞一样吞噬你。这两年一路忙碌，不曾轻松上阵，总是有焦灼感，一睁眼就想着今天还有多少的事情要完成……已经忙到没有时间倾诉、忘记、悲伤，可是转身回望，自己又做了哪些可圈可点的事情呢？

学潜水的时候，大家会鼓励你说，你可以的，因为好像没有什么人不可以。一直骄傲的我，始终在跟入水后的恐惧感做斗争，仿佛入了水就会死亡。我恐惧、焦虑，这个假期都无法好好放松。人好像无法在春风得意的时候认清自己，春风得意的时候会放大自己的优点。在这样一个小岛上，看到了自己的庅和不能的时候，我联想到过往很多的事情，吵过架的人，处理得不够完善的事情，一切皆可追溯。

在海边捡了一只寄居蟹，它在我手心里，小小的，然后慢慢爬出它的壳，周边有人大吼了一声，它便立即缩回了整个身体。我很像它，看起来是一个骄傲的女战士，可是庅的时候，也是一秒就想逃避。每个人都是寄居蟹吧，想要安放一个温柔乡在这个纷扰的世界。我的温柔乡是什么呢？第一年来上海因为诸多的不适应，看了一整行李箱的书，书让我感觉安逸，安逸能让我洞见世界，书是我寄居的壳。

学习潜水带给我的思考这么多，然后我踟蹰了一整晚，还是决定再试试，向那个看着彪悍实际上面对海洋就是一个怯懦小女孩的自己，向怯懦、不勇敢、挫败感宣战吧！

毕竟，放弃很容易，而坚持下去一定会很酷。

岁月从来静好，
而你兵荒马乱

对不起，我正向一个庸俗的中年走去。

如果你要说老阿姨凭什么这么义正词严，那我不得不拿起中年人残存的骄傲说一句，谁还没年轻过？

人到中年难免有一丝油腻，这种油腻来自于什么呢？我想无外乎岁数大，见得多了吧。以前没有见过世界这么没羞没臊没底线的样子，那时的你还一副少女怀春的样子，期待着这世界充满爱，相信只要努力，就没有什么不可以，梦想是要有的，万一我就是那个天选之人呢……

后来，见多了世俗的残酷，有些人做事儿连底裤都不曾给自己留。你也就见怪不怪，套路心中留，剧本时时有。你也甭管面前这孙子多恶心你，你都得饱含深情，面带微笑，用一种见了初恋一样的暧昧眼神说："×总你真是越活越年轻了，哎呀，这个脸上完全没褶子。"也甭管对面这位女士脸上打了几吨玻尿酸，笑容如何坚硬如钢，你都得挤一句，"怎么就越来越漂亮了，真是越来越有味道了呢。"

当孙子当习惯了，熬到做了老爷的时候，发现：哎呀，这个世界豁然开朗！原来当老爷这么爽啊，这些年卑躬屈膝受的委屈，都要释放啊，姑娘们甭管是喜欢我的钱，还是喜欢我的人，只要有姑娘生扑，哪有拒绝的道理，那不是暴殄天物吗？

岁月相当静好了，悠悠岁月，晃晃荡荡，在你终于登上了人生巅峰的那一刻，过往那些个对你爱答不理的人，现在都高攀不起你了。

中年人很难被取悦，就拿过生日来说。假设你是一个部门小头头，受人们尊敬爱戴（也可能是员工为了多拿一点年终奖对你阿谀奉承），他们在提前筹备的时候，你就能觉察出他们的表情管理有些不对了。然后你掐指一算，哎呀，我生日要到了。嗯，估计要准备生日礼物给我了。等揭晓的那一天，你酝酿了一天的情绪，一定要表现得非常开心。等蛋糕推进来的那一刹那，你镇静地谢谢小伙伴们。可是，小朋友们的剧本里面，你应该会感动到哭的，然而，你并没有，小朋友们自己被自己感动得哭了出来。

中年人的生活频道太多，上一秒是儿子考了一百分的喜悦挂，下一秒可能是老公跟别的女人走了的悲情挂，再或者下一秒是父母身体出点意外的焦虑挂，也可能是自己由于有点小病小痛，跑医院的次数明显多了起来的疲惫挂。比起演员演戏，一遍遍彩排算什么，人生的起落直播，可更是精彩。不等你调整情绪，一个个沙包就全部丢给你。

这年头连喝杯喜茶都要凭着运气不排队，也是丧得可以了。有天，朋友实在等不了了，就去隔壁买了杯星巴克，出门看见一个黄牛，他说，"小姐，不用排队买喜茶，五十八一杯。"朋友说，"谢谢，不要了。"只听后面黄牛说，"又是一个穷人。"哈哈，人在江湖漂，丧从天上掉啊！

你以为坚持买彩票，总有一天你就会是天选之人，大奖就砸你头上？每周二相约福利彩票站，都是熟人，连续买了很多年，中奖的最大额度也就是一千块，跟这么多年的投入相比，可以说是九牛一毛了。

后来，你看到网上流行一个词儿：天拒之子。反正"天之骄子"你是没有get到过这种感觉，"天拒之子"的解释就很适合你了，被上天拒绝的孩子，干啥啥不行，弄啥啥不顺，不被上天眷顾也就罢了，上天还要处处为难你。

曾经的你信誓旦旦说要让自己的小孩当上富二代，后来你发现就你那点薪水，零零碎碎自己够花不错了。你琢磨着当上富一代不那么容易啊，可能从一开始你对做富一代这件事就有点误会，致富这件事从来都是接力赛，你倒好，当成百米冲刺来理解，你这么天真是为了给世界增添点笑料的吗？

或许有奇迹呢？万一我运气好呢？朋友们，运气好从来都是努力者的谦辞，那无数个埋头工作的夜晚，你有看见吗？你总是只看到人家露出棱角的那一刻。

隔壁公司的妹子跟我说，"你看我老板出国带给我的手信。"我瞟了一眼，幽幽地说了一句，"怕是现在有人给我送钱，我才能开心吧。"有人说，"你好棒啊，我喜欢你的书，希望你继续写下去。"我有时候想，下一秒他不会说"有个忙请你帮一下"这样的剧情吧？对不起，原谅一个中年人，活久见了，通常我的生活剧本里面都是这样演的。

人到中年，很难逃脱生活的琐碎，你那点所谓的文艺、才气、心气，早已被弄得支离破碎。为了拒绝变成这样，我想每年都要一个人去山里待段时间，像梭罗的《瓦尔登湖》一样。这种抽离太难了，电话，网络……让你无处遁形。

在时间这条河里从来都是静好，它是容器，承载人的喜怒哀乐，承载人来人往，承载风花雪月，承载故事书写与演绎。而你早已在岁月的撕扯中，兵荒马乱，还不敢宣泄情绪。因为别人会说："你都多大了，还跟个孩子一样。"

有人说，中年人的抱怨就像是吃完一顿饱饭的嗝，看似阵仗很大，归根结底都是一声叹息。其实，这也很容易理解，快乐通常都是点状分布的，而大部分的日子都不痛不痒，不喜不忧，而人的记忆总是会记得自己丧的时刻。

我有一个愿望，做一个可爱的有少年感的中年人。

电影里，斯嘉丽看着落日说，"Tomorrow is another day. "

来吧，中年人们，明天又会是令人抓狂的一天。

你准备好了吗？

我们应该活成什么熊样才叫体面

人活着应该活成什么熊样才叫体面？我不知道有多少人想过这样的问题。

你要活出什么样的人生？

你得有多少钱才叫有钱？

你得有多少房子才能肆意？

你上多有名的学校才叫学霸？

你得有多大名气才叫名利双收？

你发现若把你的人生放进比较的境地，你便无法收获快乐。所有的比较你都可以有更好的选项，以及比较后总有旁人比你做得更好。假如以上条件你都有了，你比较有钱，比较有名，有一些房子，算得上学霸，旁人看你算得上人生赢家，你发现当下的你也未必拥有真正的快乐。

我见了那么多有钱的人、有学识的人、有

名气的人，在旁人看来，那么多外物的加持，世人眼里你赢了呀，还有什么不快乐的呢？可是很多人就是不快乐。找不到对手是不快乐的，没有可以聊天的人是不快乐的。

有一个随时可以聊天的人，是多么奢侈的事情。

有主持人问演员王志文，"为啥不结婚啊？"

他说："想找一个可以随时聊天的。"

主持人问："这很难吗？"

他说："很难。当我想说某件事情的时候，对方说，'有什么不能明天再说吗？'或者'你等会儿再说'，顿时就没有了兴致。"

没有人活在村上春树的小说里，好像他的主人公与世界都没有关联，永远跟世间存在着某种疏离感，大部分是希望被人爱，被人懂的。以前我觉得疏离感是个不那么好的词儿，当社会的节奏越来越快，绝大部分人都会产生某种疏离感，包括越来越不知道自己奋斗的价值，越来越看不清自己的目标，越来越不明白自己是谁。

二〇一七年的六月，虎哥给我发来一段话，我一直放在微信收藏里面，我觉得他的话很有代表意义，我时常拿出来看看，提醒自己与反思。她说："我现在有的时候也有点活得越久牵绊越多、心越乱越脏、越看不清生活，看不到未来，看不见自己，世界都是浑浊的声音，根本听不见自己想要什么的感觉。"我当下觉得那大概是一个对自己尚且有点要求的青年，内心深处的呐喊以及在挣扎着自我救赎的声音。

有钱的人不一定是快乐的，但是当你拥有选择的自由，迁徙的自由，不裹挟于世人的蝇营狗苟，或许某种程度上你是体面的。钱给予我们物质满足感的同时，我觉得更大的效用在于它某种程度上给了你选择的自由。你可以选择上班，你也可以选择不上班；你可以去环游世界，也可以静坐房间一隅；你可以想去伦敦喂鸽子就喂鸽子；你可以去世界的某一个角落浪荡。你拥有决定自己命运的自由，这种选择的自由，是很高程度的体面。

渡己，人世间走一遭，就是一场摆渡的征程，从此岸渡到彼岸，一路或披荆斩棘，或繁花似锦，我们能经历这一番美好或者不美好，我们坚韧且昂扬，我们回首所走过的路，我们经历了人生的荒芜，完成了修行，我们会是体面的。渡人，我们不仅自己走过了人生的荒原，我们还协助周围的人，像崔斯坦[1]一样，渡一些需要我们帮助的人，我们是在造浮屠，我们不仅能搞好自己，还能随手造几个浮屠，哪天我们搁上帝那儿吹牛，都是倍儿体面的。

生命的美在于前路未知，鲍勃·迪伦在《摇滚记》中说：

前方的道路将会崎岖艰难，我不知道它通往何方，但我还是踏上

---

[1] 崔斯坦：英国作家克莱尔·麦克福尔（Claire Mcfall）的小说《摆渡人》中的主人公，他以摆渡死者灵魂为业。——编者按

这条路。眼前即将出现一个奇怪的世界,乱云罩顶,闪电频传。那个世界,许多人不理解,也从来没有弄懂。我却直直走了进去,那个宽广的世界。

体面大概就是,有选择的自由,渡己旨在修行,渡人皆造浮屠。

我想问一句,你还好吗

告别错的过去,才能和对的相逢。

那谁离婚了。

那谁的书店关了。

那谁谈恋爱了。

那谁来大陆了。

那谁辞职了。

那谁新公司活得真纠结。

那谁要去杭州归隐山林了。

没有一年的秋天过得如此的清冷与淡然,
脑子里都是《情书》里面藤井树对着天空
哈出白气的画面,都是寂静的气息。

お元気ですか?(你好吗?)

我想问一句，你还好吗？

我无从知晓别人的心境，但是每每有人问我这样的问题，我常常倒吸一口气，要怎么回答呢？从何说起呢？故事太长，情节太乱，心路历程太坎坷，那些纠结的、踟蹰的、徘徊的心境要怎么表达呢？

以前，被问这个问题，我总是觉得，那我要理理思路，认真回答这个问题。说得太积极，总怕被认为是炫耀。说得太丧，大抵我总还是一个要面子的成年人。后来，我发现，这不过是两个人没有话说时的一个套路。

后来，我有了自己的标准答案——Not bad！不好不坏吧！

朋友多的好处大概就是，即使我赋闲在家，也会收到一些意想不到的人发来的信息。他们会想到你，然后，想跟你说说他们的近况。有些人，我完全忘记在哪里见过，还有大把的心境去聆听那些不好不坏的故事，那些人的阐述。我想他们并不需要我的安慰或者解析，他们只需要一个聆听者，把自己的"不好不坏"吐了，然后另起一篇，明天接着战斗。

一个女性友人跟我说她"离婚了！"，我从来觉得，说离婚两个字的女人，后面不需要加感叹号，那应该是一个句号。这只是一个选择，跟你上什么学校，去什么公司上班一样，是一个选择，这个选择的本质是，你想过得更好。告别错的过去，才能和对的相逢。

离婚这个问题，上价值，就是女性意识的觉醒，这依然是一个很大的课题，但是最终的胜利，怕是要无数个这样小小的案例堆积起来，不断发酵，产生效应。性别的认同，独立的人格，我们要思辨社会强加给女性的性别特质以及女性的社会责任，得出自己的结论，并选择性地去践行。这种剥离当然很辛苦，更像是一场战斗，和社会传统认知的战斗。你可能会被认为是神经病，但是，这可能是你的宿命。

那个书店关了，从朋友嘴里知晓了大概。想起曾经在那里念诗的场景，想着不知道还会不会有这样的场景，那群人，不问来处去处，被放到那样的一个空间里，然后就有了奇妙的效应。每一个好书店被关，我都会难过，书店在一个城市里，就好像是这个城市内核，是城市的灵魂，没有了内核，怕是有很多人会觉得内心缺失了什么。

书店为什么会被关呢？我每每思考这个问题，总想帮着他们点什么，可是又无从下手。如果一个人在这个时代活得太过纯粹，他有可能就特别清贫。三观太正，略清高，选择性赚钱，还记得初心。我敬佩这些人，却也觉得自己无力去阻止一些事情的发生。

有个中年少女恋爱了，跟我说，"中年妇女恋爱了，就想歇歇了，享受时光，想去杭州待段时间。"我们得感恩，还有人爱你，还有人值得你停下来，有人在这个焦虑的时代，破解了你的不安全感，让你安定地和他待一段时间，如果我们不那么功利地去享受爱情本身，去追求所谓的结果，那恋爱就是美好。

凌晨跟恩师聊天，聊最近的心境，他说，我以为你不会和其他人一样，去做一个××××的事情。我第一反应是，我在他心里居然是这样的设定，我可是从未标榜过我脱俗。我只是在每一次大的选择面前都听从内心的声音，至于内心的声音是什么，我怕是也不知道，姑且认为是鬼使神差地上帝旨意吧！

那谁辞职了，不知道哪根筋搭错了，就告别了每天像奔丧的上班生活。人怎么会想辞职的呢？大概是，我们总是期望自己的工作价值和企业发展的价值能匹配，共同成长。某一天，你发现，两者怎么都匹配不上，你怀疑是自己有一些问题，然后，你就多方调整，发现怎么都找不对感觉。当然，你也可以混，当一天和尚敲一天钟，可是人的职业寿命和一个企业的企业寿命比，还是要短不少的，简言之，你熬不过一个企业嘛！

人生前半段，靠的是好奇心和体能。人生后半段，靠智慧就能泰然处之，谋定而后动。好些人活了半生，还是年轻时候的慌乱，世界却已经不买单了！因为，我们可以轻易地原谅一个年轻人，却不会释然于一个中年人。我们总会撑中年人，"他活了这把年岁，却不明白这样浅显的道理。"

人的每一次"出走"，看似偶然实则必然。我们只是不愿意那点属于我们的在尘世的光芒，在岁月的牵扯中消失殆尽。文艺点说，You know some birds are not meant to be caged, their feather are just too bright.

我大抵是还具备一些反省精神的人，一个人成为现在的模样，是凝结着他过往所经历的故事和历史局限性的。因为我们处在大的历史条件下，所以，我们先天就带有这个时代的局限性，而他的成长环境也会对他有影响。所以，每个人都会有局限性。

今年的形势不是很好，方方面面。但日子得过，饿了吃饭，渴了喝水，无知了读书，朋友所在的募资部，集体被砍了，可是人生这么长，谁还不得经历几次经济周期啊，这些事不是你能决定的。顺势，而为。情况好的时候，我们就飞快一点。逆势，养成。情况不好的时候，我们得攒着下一次飞行的劲儿。

人们经常会问："你想好了吗？"哪有什么绝对的想好，只是在当下，我们根据自己的心意做出了某些选择，而往后事情会怎么样发展，谁知道呢？那些离职的、离婚的、拧巴的、纠结的、归隐山林的、关书店的，这只是你漫长人生中的一次选择，也或者是你漫长人生中的一次沼泽，不要慌张啊，把答案交给时间吧。

觉得你和这个世界都正常，是病

时隔一年，我们又见面了，我也实在不好意思再放人家鸽子了。

很多年没有人跟我谈理想，可能是我戒了，不是戒了理想，而是戒了跟别人谈理想。理想没有践行出来之前，都像是傻×扯淡。

我怎么会跟别人扯理想，一定是我疯了。这年头有人听你谈理想，对方眼里不是闪着"傻×"就是闪着"吹牛"。哦，对，是他先跟我谈理想的，我才回忆起理想这件事情。

对面这位天蝎座的男子，画风虽然非常邪门，但是依然是我欣赏的类型。事业还不错吧，以我的角度来说，大概是以怎么更好地浪荡为业。我们居然会聊理想，简直是离谱。他说，他最近在筹备一些事情，跟艺术有关系的。不知道能不能成，但是还是想把它完成。他说出他要做的事情的时候，我大概就是表情包本人了，我非常浮夸地瞪圆了眼睛，然后惊呼："那你很棒棒啊！"

表演虽然浮夸，可是我内心是很真诚地祝福他。这位哥哥眼瞅着就要在奔四的路上绝尘而去了，在目前还比较成功的事业上，还能有另起一行的勇气。要知道，大部分的中年男子在奔向四十岁的路上，都是一副"老子要蔫掉了"的样子。

歌手朴树的评论中，重复最多的词就是"少年"二字。朴树说："我觉得不是我过于少年，而是这个国家的人提前老掉了。"

对，我想就是这种"少年气"，让人有一种昂扬的状态，有一种对未知世界的好奇心与探索精神，不惧年龄的问题，总有去践行的勇气，这是非常宝贵的品质。

他说，他在纠结一件事情。他想去电影学院进修导演系，因为他想要了解镜头语言的表达，他想知道怎么去引导观众视角。他唯一的顾虑就是，可能没有办法同时负荷现在的工作。

我说，那就去啊。年轻的时候想干点儿事儿，还不往前冲啊！

他说，这是你的作风啊，我这还有正经工作呢！

我说，其实我也很想去电影学院学一学剧本写作什么的。倒也不是真的要去写剧本，就是学习点"术"，我写东西都是野路子，写的都是同一个视角，虽然知道自己的读者喜欢什么样的内容。

但是，迎合绝非我本心，我讨厌迎合。

对，就这样，我们聊起理想。我想不管跟谁说我的这些想法，大部分人都会觉得我脑子有病，你的理想跟你现在的工作一点不相关，还费钱费时间，并且没有产出。我脑子里很多无用的想法，在这个功利的社会，我常常羞于跟别人说这些，不想让自己显得像神经病。

他说："你知道作家里尔克说过一句话吗？'生活和伟大的作品之间，总存在着某种古老的敌意。'作家天生就应该有三种敌意，对所处的时代、母语和自己。这是一个作家和世界的基本关系，一个严肃的作家，必须对自己的写作保持高度的警惕和反省精神。写作，就是一门孤独的手艺。"

我的创作是要跟父母、朋友之间存在一定的距离，我的作品不是为了影响他们的，我是为了影响想听我表达的人的。坦白讲，我当时写东西，根本就是为了让自己爽，开心，我没有什么功利心，但我必须要说，写作，我是认真的，不追求什么结果的。

我喜欢朴树，很多人都知道。这辈子到目前为止和我关系好的男生朋友基本上都是天蝎座，朴树也是天蝎座的。所有人都跟我说，天蝎男很渣啊！我也在想，我到底是被下了降头了还是我太不像狮子座？为什么只能跟天蝎男做好朋友？

扯远了，其实，我喜欢朴树，是因为朴树跟世界有疏离感。

我喜欢这种疏离感，我骨子里一点不喜欢热络，虽然我看起来跟谁都挺热络的。有时候我的热络是礼貌或者工作需要。我还是喜欢一种脱序的抽离的状态，这个世界太无趣了，在规则太森严的地方，就很想做一些脱轨的事情。

我觉得自己是一朵挺大的奇葩。奇葩的想法太多，以至于我怕别人理解不到我的意思，所以我很少给人添堵，很少和别人聊人生理想。

×先生跟我聊了在他这个年纪，世俗看起来不着调的理想。于是，我也袒露了我的不着调的想法。说完有一种终于在茫茫人海中见到病友的开心。我们虽然有时候一年见不了一回，×先生在重大节庆日都不忘发来真挚问候，不是群发。逢年过节我早就戒了群发祝福信息的坏习惯，如果要感激和惦念的人，就指名道姓的，发去问候。

岁数大了，越来越体会到感恩以及道谢的重要性，一定要及时，主要是怕有遗憾。好友太多，业务合作伙伴太多，有时候忘记了问候，回想起来，还是会懊恼一下。

他说，学理科的去拾掇艺术，总怕会学不好，有时候他会羡慕一些人的天赋，羡慕他们对美和艺术的感知。

说到天赋，在我小时候，语文老师总说我写东西有灵气，有写作天赋。可是我不以为意。因为我知道一件事情要做到出类拔萃如果只靠天赋是走不远的，必须得下功夫。在做创投工作的时候，我时常佩服别人对于数据、数字的敏感，第一次听华师大的陆教授背一长串数字的时候，我也是惊为天人，而我在这方面的天赋就不太好，通常会很快遗忘那些工作上的数据。

后来发现人类就是太天真了，总迷信最后的结果，忘记了人家在无形中花了时间和心血去耕耘的过程。在我看来天赋在做很多工作的时候，都是可以用勤奋去弥补的，只是得勤奋对地方，道、法、术、气势，一个都不能少。

我很难跟他人有很深度的对话，跟这个现实的世界比，可能还是我不正常一点。我们说到了自由意识的觉醒。

这是一个很有意思的话题，说中国青年自由意识的觉醒体现在什么地方？首先是性意识的觉醒。西方性意识的觉醒从十九世纪二十年代开始，至今有近一百年的历史了，所以，我们会发现西方在处理两性关系的时候，越发成熟与自我，大家好像都知道自己要什么。很多西方家庭，组成人员只是伴侣关系，一辈子没有领结婚证的。

李银河老师也曾在公开场合说过，婚姻制度终将消失。我想中国的自由意识的觉醒还有很长的路要走。

×先生说："文青混知乎，豆瓣。我呢，多一个虎扑。"

我说："我呢，被人说是文青，从来不混什么知乎，豆瓣。"

他说虎扑就有个特点，非常直男。有一个频道，就一个礼拜三四回的文章都是关于男人被戴绿帽子的。

呵呵，社会对男人很宽容，男的要是出轨了，就叫正常，要是一个女的出轨了，从古至今都好像要被浸猪笼。上一辈人概括说："哎呀，男人都这样。"且不说男女平等、自由意识的崛起，在婚姻中对彼此忠诚特么还男女有别呢？！

我常常庆幸这是一个自由的时代，像我这样的人，可以在网络的平台上找一亩三分地去耕耘，去表达自己的看法和想法。在自由意识觉醒的今天，我们应该更包容也更公平地去对待两性的亲密关系。

父母和孩子之间的亲密关系也应当被重新定义。谁都不是谁的附属品，谁也不是谁的作品，谁也不应该强迫谁的意志去生活，不按照传统的价值观去生活不应该被唾弃，因为父母并不能为了孩子的未来负全部责任。

你们会发现，有那么多的80后，按照父母的意愿和要求去找对象，最后生活不幸福。父母也需要在自由意识崛起的今天，去适应这样的社会，去从孩子的视角看问题。有一个词语叫：文化反哺。在文化急速发展的时代，年长的一辈应该向年轻一代吸收新意识、新文化。

这是一个静悄悄的改变，就像父母为了更流畅地和我们沟通开始学习使用微信一样。

你会有焦虑感吗？是这个时代的普遍要求强加给你的那种焦虑感。你没有获得世俗意义的成功，也没有在情怀上超脱，哪里都没有你的温柔乡，而岁月走得太快，一晃十年。

觉得你和这个世界都正常，是病。既然都有病，为什么还要按照世俗的要求去给自己添堵？

中年女性的自尊成本有多高

从来没有多少岁，就该怎么样，活着，你就该有自己的节奏。

中年女人的焦虑来自于日渐下垂的法令纹、几近消失的腰线和快被社会淘汰的恐慌。焦虑的终极表现形式就是钱包遭殃。从早晨睁眼开始，那两片日抛的美瞳就得二十块左右；熬最深的夜，蹦最野的迪，涂最贵的精华，这一涂抹换算到每天至少五十块；再来一波彩妆，粉底倒也罢了，遮住那黄脸婆般的脸还可以原谅，家里的口红五十支起步，才算是个女人，毕竟现在的营销号天天带节奏，你刚买完"迪奥999"，自媒体又出新推文《没有×××，你都不配叫女人》，所谓的"斩男色"就几十个色号，几十个牌子，好像你买了，天下男人就都被你收入囊中了一般。

没有几支YSL，Chanel，Tom Ford的热门

色号，你就不配当全村的最野的崽儿。女人的钱好赚，只要告诉她从村头到村尾，每个人都有了一支烂番茄色，她内心就每天翻来覆去淘宝好多遍，上演着买还是不买的戏码。毕竟现在已经有的口红，任凭你有十八张嘴，每次不重样，都够涂好几年的。

口红色号对于男生来说，简直就是玄学，谁分得清烂番茄色、姨妈色、斩男色、死亡芭比粉到底是个什么玩意儿，不都是红色吗？！

某一天照镜子，突然发现眼下多了几个纹路，我的天啊，恨不得把镜子给摔了，"小仙女"怎么可以容许这些纹路出现！于是面膜这东西出现了。它是女人焦虑的另一个表现形式，自从范冰冰说自己每天都在敷面膜，女同胞们便纷纷效仿，"双十一""剁手"下单。某品牌出了一款面膜，号称敷十五分钟，能解决一切皮肤问题，你的皮肤会好到气"死"前男友。气"死"前男友又怎么样呢？男人这种生物的思维模式是这样的，如果他不爱你了，绝对不会多想你一下的，只听新人笑，谁管旧人哭啊？！但是如果你死缠烂打对他念念不忘，无论多少年他都能自我感觉良好，觉得他是你心头最珍藏的人呢。

女人啊女人，生理年龄一到三十岁了，甭管你以前活得多粗糙，都像突然间打开了某个闸门，你就会萌生出一种固定句式在脑子里，比如：我都三十岁了，我应该有一个名牌包啊，对对对，买起来；我都三十岁了，我还不能有几个口红啊；我都三十岁了，我还不能打几针玻尿酸啊；我都三十岁了，还不能……

我都三十岁了，已经过了喝星巴克的年纪了，必须得精品手冲，得分得清咖啡豆是水洗还是日晒，光喝过还是不够的，得喝懂这个世界，必须得知道什么埃塞俄比亚、曼特宁、水洗耶加雪菲……还得说出来里面有梅子、柠檬和一些些的花香。

得见过世界啊，江浙沪包邮区的游玩就不要放嘴上了，必须得出国境线啊，什么十天九国欧洲深度游就不要说了，多Low，必须得去一些小众的地方，漫不经心去游荡，文青都得说是流浪。旅行还是太过表面了，于是，你又报了钢琴班，上课都要拍美美的照片，PS上五百块钱的特效，集齐"九宫格"。你又发现不够，又报了个数字油画班，每周拍一张自己在画画的照片，看起来云淡风轻，其实画了三个小时，心想："我去，想靠画画吹牛居然要这么久，自己花的吹牛钱，跪着也要画完。"Nice！你也买了很多书，畅销书都买了，但是都落灰了，也未曾读过，又花了不少钱买了Kindle，拍了张照片后就再也未曾打开过。

后来，你觉得还不够，你又办了健身卡，"得到"里面的付费课程你悉数购买，你有了名牌包，你用了最贵的保养品，你可以去美容院，你可以买很多套"战袍"，你还是不快乐。因为，你所有的行为都在追寻一种范式，你从未有过自己的生活节奏，你不过是这个大时代背景下，芸芸众生中，别人贩卖焦虑时被割的韭菜。

从来没有多少岁，就该怎么样，活着，你就该有自己的节奏。

一个女人的
自我沦丧

我一直在思考，有的女人是如何从一个充满少女感的人变成了一个喋喋不休的被人诟病的中年妇女的？

这对我来说，是一个课题。

因为我可能终会走向那里。变成那个在路边摇着扇子，说着张家儿子和李家女儿的是非，然后夸着自己的孩子如何优秀，生完一个还得生两个的女人。我显然抗拒。别人跟我说你还有很多路可以选，而且我也觉得你不会那样。我小时候也熟读孟母三迁的故事，明白环境对人终究会有影响。

如何判断一个女人是否沦丧？谈话只需十分钟，没有孩子、老公、车子、房子，能关注自己内心的缺失，还在想怎么让"我"在未来舒服地和自己相处，跟世界相处。如果是这样，她就还没有沦丧。

我周围90%的女性谈话的内容，除了夸自己孩子如何优秀，宛如一个灵童转世，表达出一种作为母亲的骄傲；自己的老公如何会赚钱，会表达爱意，让自己开心；然后，讲讲自己家的房子、车子、包。没了。

而一个儿子女儿不够优秀的、没什么可夸的妇女，就夸自己的孙子，每一个脚趾头都优秀，然后见人就说，一遍一遍。一模一样的内容，重复一遍又一遍，如同祥林嫂。故事的开头是一样的开头，故事的结尾也是一样的结尾。待她夸完她周遭的一切的时候，说自己便无从说起了……唯一骄傲的，你看，我拾掇完老公，拉扯儿女，拉扯完儿女拉扯孙子，这就是中国女性的相似的宿命。

中年女性为什么会啰唆呢？可能因为年轻貌美时候，把青春贡献给了老公，期待投桃报李吧，没想到男人都是"大猪蹄子"，中年就开始连正眼都不瞧自己了。孩子也到了叛逆期，曾经掏心掏肺养育的孩子，发现对着自己竟然无话可说。

她们在这样的生活中，逐渐失去了话语权，可是她们还想控制控制，要按照她们的想法发展啊！怎么做呢？就不停地唠叨，告诉你她的内心世界的秩序是这样的，我为你们付出那么多，你们应该按照我说的去做！去做！！去做！！！

老公觉得她妇人之见，孩子觉得她妈都几十岁个人了，不看书不看报，看的都是微信"鸡汤"，以讹传讹，岁数越大越失去对于正确信息的辨别能力，还要指导我的人生，这不扯呢吗？！

为了刷存在感，只能一遍遍叨叨，你还得维护她的内心秩序，她是你妈啊，即使大学放学回家，你妈还是坚持七点半甚至更早叫你起床，这是她们的内心秩序，她们最后的倔强，在这个家的存在感，你得听她的。

还得一遍遍跟你叨叨他们的"社会规则"，虽然自己可能平庸，但是为了你过得足够安全，只能跟你叨叨他们经验得来的"社会规则"——"你看啊人啊还是要进国企，还是要去外企，大学毕业前不许谈恋爱，高中不能早恋，但是二十八岁我要抱孙子了，三十二岁我要抱二孙子。"

安全感来自什么呢？来自大家都是如此，我只要一样，就不会出错，不会有问题。我有时候在想，大约是平庸的父母对于社会生活理解的安全感和对社会规则的理解太过于狭隘，他们自己想做一个"装在套子里"的人，还要说服自己的孩子也和他们一样。

香奈儿女士开始穿裤子的时候，象征着女性力量的崛起，那是二十世纪六十年代的事情，也是平权运动中很重要的节点，现在都二〇二〇年了，很多女性脑子里还裹着小脚。可能是我家庭关系很平等，我从未意识到平权这件事对于我来说是个事。

近来，我更深刻认知到，很多女性自动选择拒绝成长为更好的自己。使她们沦陷的有时候就是她们自己，生完孩子，孩子就是她的百分百中心，她忘记孩子和她都是有独立人格的，妈妈比孩子更早失去了自己的人格，各种长时间无效的陪伴，并没有让孩子更好地成长，反而会让孩子变成更糟糕的、自私的、自理能力差的孩子。

长期无效陪伴，其实会变成孩子的童年阴影。孩子明明想有自己的时间和同学玩，可都被妈妈占据着。

生活失焦，看似伟大的母亲们，在全身心投入到照料孩子和老公的生活中后，会期待百分百投入后的回报，而回报不如预期，很可能就产生道德绑架。类似"我是你妈妈，我含辛茹苦把你养这么大，你怎么能这么对我""你为什么不听妈妈的话（这种话很多时候，是脱离了社会生活的错误判断）？""你真的要把你妈妈气死了，你看看你谁谁谁都恋爱了，你怎么对象连个影儿都没有啊！你哪儿点不如他了……"父母明明说大学毕业前不能恋爱，却要你凭空就变个女朋友出来。

她们渐渐发现，老公越来越不正眼看自己了，孩子也变成了一个泯然众人矣的孩子，人生也差不多这样了，更年期也到了，怎么刷存在感呢？没完没了的唠叨，没完没了的绑架，跟老姐妹唠嗑话题十几年没变过，我老公赚很多钱，我孩子优秀，我孙子聪明，我过的就像一个女王一样圆满。然后临了不忘安慰自己，我们普通人差不多这样就行了。要是今天聊天被隔壁的比下去了，得气一天，明天嘴上一定得找补回来，把上回出国抢黄金的细节一定要再描述一遍，讲讲自己如何利落地买了黄金，外国的饭如何不如楼下的兰州拉面好吃等。

我们也理解理解妈妈的内心是何种的失落吧，容颜不在，岁月流逝，自己还是啥都没搞出来，除了生了你，算是她最大的荣耀了，嫁了你爸，算是人生最不对的选择，好像反正跟谁过，最后都是将错就错。最后只有嘴是自己的了，那就没完没了地唠叨呗，反正从五十岁以后没啥正事可做了，无聊的前半生，没啥盼头的后半生！

用"祥林嫂"来形容一些中国女性的沦丧过程一点都不为过，年轻时候有点才学有点性情和情趣，都在岁月光阴中喂了狗，老了就跟"祥林嫂"一样……我希望新时代的女性们更多地关注自己的成长，即使你是一个寄居蟹，你也要出来晒晒太阳。

这位少女，来，快加入我们"祥林嫂"战队吧。

不——要——呀——

你的丧

藏着对世界的失望

三观是个什么东西？

没人跟你讲三观，因为我们笑贫不笑娼，不管站着把钱赚了还是躺着把钱赚了。总之，有钱就好了，先变现再洗白嘛。肉体资本就是最大的资本啊！没毛病！我们需要更包容，存在即合理，我们需要让自己更宽广，但更宽广和没有下限好像被混为一谈了。

听到某种事情，还是会惊讶，心里不舒适，并为此做出回应，似乎并不能显得你三观多正，只能证明你没有见过世面啊！这多正常啊！世界存在什么都是正常，成年人为什么会丧呢，想要而无所得嘛！想要内心的宁静，很难，那背后的乌合之众，时不时拿着随大流的价值观绑架你，有时你还会挣扎一下，心想到底是我错了还是世界错了。等社会真的强奸了你的个人意志两三回之后，你连反抗的力气都没有了。

没事还是不要说自己的想法了，你的想法重要吗？不重要！人成熟的某个标志就是知道你的一切都跟这个世界上的绝大多数人无关。学会了闭嘴，学会了沉默，就是所谓的成熟。还随便跟别人表达自己的内心，你都多大了，还相信别人安慰你的话！

那些个精准的利己派，一副精英的模样，和他人见一个面内心可能只有两个选项：这个人有用，这个人没用。有用的就迅速投入怀抱，撒娇跪舔，比小心心。彼一边，没用的，侬帮帮忙咯，我的时间很宝贵的。目标导向用在工作中并没有什么错，可是用在生活的每一个瞬间，掐指精算，就失去了交际的快乐。

和不同的人搁一起唠嗑，有人大惊小怪说起曾经的见闻，心想总得找到跟自己三观相同之人吧，于是有人就开始表达自己见过面的样子，云淡风轻地说教一下：世界就是这个样子的，切莫大惊小怪，动了真气；你都多大了，遇到这点屁事儿，瞧你那个不淡定的样子。你看看人家，你学学，这才是真的成熟。不管演的成熟还是真的成熟，面具戴上了就摘不下来了，是啊，偶像包袱不能掉啊！

一桌子人吃饭，角儿在呢，关键时刻得喝个彩啊！掌声，赞美声，不要停不要停，配合演出呢！装出一副小白兔的样子，睁大眼睛崇拜样，厉害厉害，世界都欠我们一座奥斯卡。说起来人生来平等，有些人活着活着就是奴才样了。失敬失敬，会演会演，在古代，宦官就是最会来事儿，得宠的人才能上位。

得把生气给戒了，你都多大了，还生这么不成熟的气。不至于不至于，不影响你赚钱就好了。

得把惊讶给戒了，说起来也是见过大世面的人，这点事情，就让你波澜一惊，惊涛骇浪的，嘛呢？

学会说抱歉，给诸位小主添麻烦了，甭管是不是你错了，和气生财，把抱歉放在嘴上，准是没错的。

成年人的丧不值一提，谁都不容易，谁都别叫唤。当你丧的时候给自己打气，宛如一个入了邪教的病人，"鸡汤"怎么那么受欢迎啊，面对现实，我们太无奈了。一声叹息，一地鸡毛。

立志做一个任性的人，谁也甭挡着我乐意。对着一切不乐意说："不！"然后，过来人就会说，你看看一把岁数了，还这么不成熟。

成年人的丧，是对现实的束手无策，是对这个世界真相的失望。

补一勺真"鸡汤"：

Il n'y a qu'un héroïsme au monde: c'est de voir le monde tel qu'il est, et de l'aimer.

世界上只有一种真正的英雄主义，那就是认识生活的真相后依然热爱生活。

为什么不可以在朋友圈丧

我刷朋友圈的时间比较固定，朋友圈就是我的「厕所文学」，每一个时间轴就是一个「尿点」。

我喜欢在卫生间刷朋友圈，厕所这个地方真奇妙，在这个嘈杂的世间，它是真正属于你的空间和时间。

很奇怪，一到这个空间里，就很容易文思如尿崩。一到这个空间里，那些不想让人看见的疲倦、叹息、沮丧都可以放出来那么一小会儿，再从卫生间出来，又是一个向上的青年。

这里还会产生一些所谓的"卫生间哲学"。

早晨，我的大部分微友都会发布一些激励自己工作或者振奋精神的话语，而实际上，大部分人日复一日地工作学习，早已厌倦了生活。朋友圈是最后一丝处女地，如果能在别人同样疲倦的情境下回应他一下，笑着给他鼓励，这未尝不是一种"负负得正"！

所有的语言都可以被修饰，那些看似振奋的言语下，是被现实一遍一遍侵略过的灵魂。

在《81/2》这部电影中，主人公问主教大人："我为什么活着不开心？"

主教说："因为人生本来就是痛苦的。"

对上班族来说，午饭时分是相对放松的时光，虽然人类微小，不能主宰自己的命运。庆幸的是，我还能主宰自己吃什么。现在的年轻人只要获得了"奶茶的自由"，就感觉获得了马斯洛顶级的自由，因为奶茶的背后，更深刻的是社交属性，独生子女太孤独，孤独无从选择，但一杯小小的奶茶却能打破它。

我认识的年轻人经常在朋友圈发布自己午饭吃了什么，本着"朋友圈先吃"的纯粹节操，向你展示一个"生活虽然一地鸡毛，但此刻在这个城市一隅，我还能有一些岁月静好"的样子。美好太少，所以我要让大家知道，我活得还行。

晚上，不管你是"996"还是"007"，此时都是人类情绪最脆弱的时间区间。白天与各类人的唇枪舌剑，跟客户来回周旋，情绪都沉淀在此时。

这一天，苦尽甘来，是意外。这一天，如若苦尽甘不来，也是常态。

哪有那么多每天都值得人奋进的消息。

焦虑的人们开始继承成功学大师的衣钵，每一个成功的人，跟大家最大的不一样，就是下班后的时光。他们不敢懈怠，下了班开始学习新的知识，开始一天中相对来说最为轻松的时光。

在朋友圈里不能丧，那里的人几乎都是认识的关系。没人喜欢在自己朋友面前展示自己过得不好的形象。大家只喜欢展示"我过得还不错"的样子。我们喜欢别人给我们点赞，如果我发了一条自认为还算得意的人生体悟，最怕看到的是十分钟后无人点赞。生活是需要观众的，不是吗？

我曾经我发过一个朋友圈问："为什么大人会变稳重？是因为长大我们才发现很多事情，搞半天发现都搞不定，然后为了不被周围人嘲笑，就选择不说，等成了才说。这不是稳重，是偶像包袱。"

下面一连串留言。赞同者多半是年轻人。有人还"补刀"说："成年人搞成一件事还要装一装，一副云淡风轻，好像只是实现了小目标的样子。不赞同者是一位有故事的男同学。他说："稳重的大人不会这么想问题，不是每一个成人都有偶像包袱，对于结果不是每个人都能承受得住的，求而不得不一定是世界欠人一个道歉，是需要向自己解释，所以不需要在票圈进行表达。"

有的成人习以为常，所以会逆来顺受，有的见过大世面的，遵循事物的规律，一部分人内心强大，表面看不出来，但不会屈服和折腰，年轻人一定需要吐槽，需要聆听者，年轻人你别看他不满，情绪来得快去得也快。所以，年轻人都需要一座"奥斯卡"，没有爽畅感根本平复不了内心的翻涌。

我想起了王小波那段话：

> 那一天，我二十一岁，在我一生的黄金时代，我有好多奢望。我想爱，想吃，还想在一瞬间变成天上半明半暗的云，后来我才知道，生活就是一个缓慢受槌的过程，人一天天老下去，奢望也一天天消逝，最后变得像挨了槌的牛一样。可是我过了二十一岁生日时没有预见到这一点。我觉得自己会永远生猛下去，什么也槌不了我。

我们都希望自己是那头生猛的牛，什么也槌不倒我们。

在朋友圈，你还可以是那头槌不倒的生猛的牛，在朋友圈表达的东西，更像是一种美好的夙愿，是精神的渴求。朋友圈不能丧，因为解释需要力气，因为不能让看笑话的人得逞。

人生活到最后，只是对自己有个交代。

世界就是如此，从不惯着谁

你知道最可悲的感情状态是什么吗？

我大概是朋友里面的哲学家，总有人发来这么深刻的问题来和我探讨。我也常常被一些问题问到后脊梁发冷，总觉得生活太经不起推敲了，细看全是Bug。

在忙，就停下手中的事情，回复过去"这是怎么了吗？"

答曰："就是一个人在小酒馆喝酒，连个愿意去想的人都没有。"即使跟我发完这样的话，我看着她的朋友圈还是云淡风轻地发了自拍。

我的朋友圈也越来越成年人了，大家发的昂扬精神、"鸡汤"、云淡风轻的背后，都是疲倦、无奈、生命不堪承受之重的一饮而尽。

我时常一个人旅游，一个人出差，一个人享受在城市的一角观望着来来往往的人的时光，不为什么，想不明白的时候就发呆，有些答案不是一拍脑袋就能出来的。

我回复她"这是常态，我们要学会品味孤独。人生太难了，我们这个年纪往前每走一步都是血肉。没人可以惦念的时候，我们就想想自己，想想过往。"

我以前一个人在山东出差，从济南出发，去了济宁那座小小的城市；去了德州，错过了扒鸡，围观跳广场舞的大妈；去了东营，在靠近黄河入海口吃着烧烤喝着啤酒；去了青岛，记住了啤酒、蛤蜊、崂山矿泉水；去了滕州，我等着客户，路边的阿姨做着菜煎饼，我就跟她聊天；我去了威海，那里有风有海，那里的海和青岛的海很不一样，我兴奋地观察这些，然后一人饮下这些生活微小细处的确幸；去了烟台，发现烟台的海跟威海的海又不是一个脾性，还看到大樱桃，觉得它们好美啊，就是生命该呈现的样子。就是这么孤独，这一路的寂寞和旅途的劳累，都被这红色给治愈了。那时候就会领悟到，还是要给生活找点乐子，发现一点美。

我观察生活的每一个人，那些个在外人看来是人生赢家的，也大多数过得不甚轻松。曾经有幸跟"一条"的徐沪生先生，"意外艺术"的潇公子，"美的专业主义"的李蕾姐姐一起出席某个论坛。我跟他们认识两三年了，但不常见面，每一次见面，都能感受到他们那种蜕了一层皮的成长。他们全是创业者。

我第一次见徐沪生先生是在一个游艇活动上，那个时候"一条"才刚创立，一下子受到了那么多人的喜欢，他那个时候还是满满的书生气，文人墨客的感觉。当时我跟我的老板杨总（杨振宇）聊着"一条"的商业模式，感觉他们创业云淡风轻，理想主义。时隔一两年后再聊天，发现一个文科出身创业者的变化，他的商业模式、文科生在创业中会遇到的大坑、企业管理中遇到的问题、自己的幡然醒悟……这一次他侃侃而谈，语速和之前比快了不止一点两点，那是创业者的紧迫感。

一两年前见到潇公子的时候，她坐在我隔壁，闷头只顾着吃，我俩加了微信，然后相忘于江湖。后来每次见面，都要提及第一次她在我旁边吭哧吭哧吃的记忆。这一两年用她的话说，创业还兼职生了个小孩。我好奇地问："你会有产后忧郁吗？"她眼睛闪出的光，异常坚定，说创业者的时间都放在解决问题上了，哪还有时间忧郁。李蕾姐姐一直美美的，文艺扑面。一年前见面，她有疑惑、有笃定，这一两年的摸爬滚打，在美的事业上不断深挖，也是思考良多。

我常常在各种人身上映照到自己，推己及人，大概是这个意思吧。默默告诉自己，困惑的时候，就静下来好好想想；得意的时候，就顺势而为。时间虽对于每个人都是平等的，可是每个人的刻度不一样。以前我在外企工作，是以天为单位的谋划，现在在创投圈是以小时为刻度的。因为刻度不一样，相较于以前可以丈量的生活反而变得更加宽广了。

生活，你想得特别明白吗？人啊，要是活得太明白啊，就没什么意思了。就得摸索着，兴奋着，前面有个悬崖，刹车的时候发现自己一半都在外面，豁然笑一声，天无绝人之路啊！

世界如此，没惯着我。骄傲时不忘给你耳光，抑郁时不忘给你一扇小窗。

撸串喝酒，世界我有

后来你发现真正能一起喝酒的人越来越少，而我也越来越不爱喝了。

我相当不爱喝酒，因为我喝酒就意味着要起夜，对于我这种睡眠质量不高的人来说，简直就是煎熬。即便是这样，最近也发现喝酒是一个有乐趣的事情，酒过三巡，该说的不该说的，该做的不该做的，都有了借口，众人不正经地听着，说的人直抒胸臆，认真你就输了，隔日各回各家各找各妈，也都别惦记。若是隔日再把昨日的糗事拿出来咀嚼，多半也不会有好的听众，可能也没有下次约酒了。

最近喝酒的频率略高了一些，我想我还是一个挺Nice的人，至少我赴约多半是看对方的性情，即使喝酒会有一些"后遗症"，但看到对面是有趣的人儿，我便会自动解除封印。喝完酒，我多半是听众，跟白天嘚吧嘚吧的我不太一样，我负责拉扯你们的回忆。

我通常也不劝酒，喝酒讲求兴致，将醺未醺之时，便是最好的聊天时机，平时那些"大爷""孙子"，都给你把面具扯下来，咱们好好走个心。在酒桌上我通常相当节制，第一怕别人比我更尴尬，第二我怕喝完酒干出些令人诧异的事情。

依稀记得有一次我在山东跟客户喝酒，那时候大学毕业没多久，一上桌女士们开始敬酒，每人喝三杯，我一看形势不妙，邻座大叔的手已然开始瞎动了。刚毕业那会儿我的三观受到了一些Shock，至今我都记得这位大叔的来龙去脉，他是哪个道上混的。我立马躲厕所装醉。姑娘们单独出差喝酒还是不要太拼命了，否则怎么被捡走，第二天醒来都不知道发生了哪些不可描述的事情，会不会有点太刺激了。当然，主动搞事情的除外，毕竟有钱难买人乐意，注意安全！

我至今去过的酒吧，两只手数得过来。年轻时候嫌南京的"1912"太闹腾。现在，也依然不喜欢吵的酒吧，对我而言，有人唱歌，有酒，对面坐的人是有趣可爱的，便着实心满意足了，如果还能拉扯点彼此长长短短的回忆，飘一会儿将至未来的思绪，我就很满足了，我只是想追求一个场景能把内心安放。

南京紫峰大厦七十八楼的酒吧还是可以去一下的。人少，层高，可以看南京全城的夜景，难得跟好玩的小伙伴去那里吹牛聊天。大理的酒吧还是该去下的，只要挑"大能"在的时候去"大能"的酒吧，这哥们服务意识爆棚，什么都给你服务熨帖了，这把我们几个惯坏了，差点以为大理酒吧老板都这脾气，高估了大理的服务业水平。

武汉江边的酒吧也可以去，毕竟不是所有的城市都有热干面就精酿啤酒的酒吧。穿的人五人六的投资界Boss给你买热干面，负责陪吃，还问你"怎么样好吃吗？"看着你扒拉完，喝完啤酒，吧唧一下嘴，心满意足，这就得配一个动漫式的"太好吃了！"才对得起那个当下。

欧洲的酒吧也可以去一下，每个人手端着一大杯扎啤，站着，大声聊天。到了晚上，大家都站在街上，我怀疑是希腊时期群众喜欢在广场高谈阔论留下的"基因"。

我不爱喝白酒，从嗓子眼到食管然后到胃，辣，直冲脑门。所以白酒是我的禁忌，喝完胃太难受了。但宁波的老白酒，喝起来很绵柔，甜甜的，非典型白酒，有时候陪着袁岳老大喝一点，尽点兴。红酒早先学了点皮毛知识，由于长期不复习，只能分辨"雷司令"了，以前参加过红酒盲品大赛，起了个队名叫"除了颜值，一无所有"，非常直白地告诉别人我没有实力。

喝黄酒的习惯还是在苏州出差被客户带起来的，冬天吃点藏书羊肉，黄酒温一下加点姜丝，好像是他们喜欢的搭配，我喜欢入乡随俗，感受每个城市的市井生活。喝鸡尾酒，最早看名字，后来问酒精浓度，再后来基本上按照基酒来选择，后来我找了个助理，她交了不少"学费"，熟知上海大大小小的酒吧，堪称"鸡尾酒专家"。后来我常年被工作吊打，也再没有心思经常去歌舞升平的地方喝喝小酒，撩撩Bartender了。

后来你发现真正能一起喝酒的人越来越少，而我也越来越不爱喝了。于我而言，很多人的聚会，喝酒，酒吧都是生活的出口，是喘气儿的地方。唯有虎哥和我，在上海的"啤酒阿姨"店里，能几瓶酒，几包橡皮糖，叽里瓜啦一下午，看着周围的顾客换了一茬又一茬……

这一路缘深缘浅
都不凭嘴说

那是无数个我们相处的岁月形成的某种默契，可以是日日的陪伴，可以是甜腻的每天说着爸爸妈妈爱你，也可以是如这般润物细无声。

我们总在说缘分，陌生人之间的缘分，男女之间的缘分，但鲜有探讨我们与父母之间的缘分。一如其他缘分一样，这份缘也有缘深缘浅之说。我们没有办法选择父母，父母好像也没有办法选择我们。我们来到了人世，我们相伴着彼此，这一生相伴或长或短，但从出生那一刻，这就注定是一场离别，只不过每个人的这场离别形式不同罢了。

可能有些人在还是小孩儿的时候，就失去了父母；有些人自从上了大学就和父母交流见面次数甚少；有些人一辈子都在父母身边，不曾远行；有些人即使和父母在同一个城市里，也彼此看着生厌，不如不见。东西好坏的评判标准，一部分来自我们内心的感受，一部分则来自周围情况的比较。

我的上海同事们是非常不愿意加班的，回家要陪着父母吃饭看电视。能时常相伴，至少在某一个指标上，算是缘分深的表现吧。而如我这样的，即使在家，也愿意自己一个人在书房待着，做做自己的事情就不好说了。我很小的时候，父母因为做生意很忙，我就常常一个人在家。我从小被教导，所有的事情都应该自己拿主意，并且要为自己的选择负责任。所以，自从小学开始我能自己处理的事情，都最后对父母说，也多为告知他们。

小时候的事情有哪些，无非是选了哪个兴趣班，参加了某个比赛。我决定后再告知父母，无伤大雅，不是什么大是大非的事情。长大之后，当我辞职告诉父母的时候，父母是一通抱怨，说我为什么胡乱跳槽。在他们的理念里面，至少要为一家公司工作五年才不是胡乱跳槽。我要从南京到上海工作，我妈知道后要炸锅了，这对他们来说都是天大的事情，他们怎么不能作为商量的对象，而只是被告知，Unbelievable！

自从我上大学开始，一些话便很少跟父母表达。我惯常是报喜不报忧，遇到喜事多说两句，遇到不开心的，一般就应付过去了。我妈妈常常问，为什么你都没有心事跟我说呢？隔壁的谁谁谁，有点什么事情都跟妈妈说呢！

既然是心事，应该就是难以解决的，跟她说了，大多时候换来的是她焦虑睡不着，且焦虑通常是无效的，若我能一个人扛过去，何必要两个人甚至更多人担忧呢？

负面情绪通常我自己就消化掉了，若再说一遍，我又多花了一些气力去回忆，浪费了双倍时间。所以过去就过去了，过去的那一页能不翻就不翻，毕竟尘土飞扬，鸡毛蒜皮，迷了眼睛多不好，这大约是我的逻辑。因为什么事情都想一个人扛了，这大约是所有"女汉子"养成的必要途径。

我相信很多人都有这样的境遇。上一辈人总是用世俗的标准去要求你，然后觉得你的幸福就应该如此如此，公务员、老师、医生，都是安稳保险的职业，可是这个时代早就变了，早已没有什么安稳可言了，所以我们见到了许多上一辈人和下一辈人在价值观上的拉扯，拉扯过于激烈，惹得双方不快乐；拉扯略温和的，双方心里终究是膈应的。

网上的"鸡汤"，总是显得温情美好。"你陪我长大，我陪你变老"。实际上，与父母缘深缘浅，是双方互动的结果，绝非某一方的事务。有些人看到网上的"鸡汤"不免自责，觉得自己和父母的相处方式，好像和网上的描述不一样，便产生了某些怀疑。

我也时常宽慰自己，爸爸妈妈的一些好的品质遗传给我，精神的指引更可贵。我妈妈是一位非常坚韧的女性，而我爸爸表面上是纯爷们儿、粗犷型，但是做事情想问题都非常细腻。遇到困难的时候，我妈妈总说："多大事情啊，人活着还怕解决不了吗？"以前我上学迟到，我爸爸总说："不着急，安全第一，急也不能立马到学校。"所以有时候碰到客户迟到了，我也总说："没事，不着急。"以前爸爸出差，总是带很多书给我，即使在他工资还很少的时候。这大约是对我最好的陪伴和精神的指引。

我想说这一生与父母的这般关系，缘分深浅，全不凭嘴说。那是无数个我们相处的岁月形成的某种默契，可以是日日的陪伴，可以是甜腻地每天说着爸爸妈妈爱你，也可以是如这般润物细无声。

好友安达总喜欢找我探讨原生家庭中的亲密关系话题。我常常从中受益，站在另外的角度看待自己和父母的关系。近年来，父母相较于以前对我温和了一些，我能体会到的是他们没有心力去管我无时无刻地折腾了，总是在接收我的某个通知，选择默默支持我，有时候还会对我有一些莫名的担忧，虽然这解决不了什么问题，但还是会牵挂着我，从小到大我都是一个无比省心的小孩，这种省心，现在和小时候在他们心里怕也不是一种心情了。

这一世，我们这般亲情关系，目送着彼此渐行渐远，当然，也终会相逢。

深情如杨绛先生，"我一个人，思念我们仨。"也如龙应台，"我慢慢地，慢慢地了解到，所谓父女母子一场，只不过意味着，你和他的缘分就是今生今世不断地目送他的背影渐行渐远。他用背影告诉你，不用追。"

是啊，不用追，缘分深浅，你们之间的默契，也无须借鉴世俗的标准来捆绑裹挟。

呐，不如我煮碗面给你吃咯

毕竟做人最重要的是开心嘛。

我非常不喜欢面条，因为在我的记忆里，小的时候，只要我爸爸妈妈没时间给我做饭，就会用面条打发我，它是对我这种嗷嗷待哺的小朋友的胃的应付。我妈一旦忙起来，就会说"我去下面给你吃好不好？"在我妈妈更忙的时候，她买了各种味道的康师傅方便面，在那个没有外卖的年代，"康师傅"真的伴我度过了很多夜晚，我可以很负责任地说，康师傅方便面就是我小时候的深夜食堂。

我对面条的抵触还来自于"不好吃"，相比较水煮鱼、爆炒腰花等，面条简直就是太朴素了。不到万不得已我一定不把吃面条作为我的首要选项。还好南京有很多好吃的鸭血粉丝汤可以替代，顺便加一笼鸡汁汤包，简直美味。

不吃面条的岁月一直坚持到大学毕业。第一份实习工作，简直忙得人飞起来，好强如我，不甘落后于其他一起入职的同事，于是花了比别人多的力气。如果很晚下班，大街上能吃的东西，除了兰州拉面就是沙县小吃了。人类总会被逼到某种绝境，然后向命运妥协，跟填饱肚子相比，那些个不吃面条的小傲娇啊，觉得面条难吃的小骄傲啊，通通放下。进去店里就豪气地跟老板说："来大碗面，双份牛肉"。

如果是冬夜的晚上，冻得小脸儿通红，从户外进到屋里，胡吃海塞下一碗刀削面，那时啊，吃的不是面是满腹的温暖和满足啊，如果加了一点辣油，吃了一会儿便浑身冒汗，然后鼻涕啊汗水啊，都被逼出来了，一边擦着鼻涕，一边喝汤，这种畅快或许可以赶走一整天工作的疲惫。

后来出差几乎去遍全国地级市，吃了很多种面条。其实，面条到底有多美味，或者说想到就会流口水呢？倒也未必见得，只是你会因为这些食物联想到那些年发生的人和事，以及你觉得值得惦念的美好。食物这种东西，金碧辉煌的饭店未必比路边摊好吃，上海外滩一至三十号未必能让人吃出贵族的心境，大部分时候你觉得对的食物是因为坐在对面的是对的人和对的谈话内容。

看过《深夜食堂》的人都知道，"泡面三姐妹"总是点泡面吃，并且要喝完汤，嘴要吧唧出声音来，才是对泡面最大的尊重。港台电视剧总是有这样的台词："做人嘛，最重要的是开心啦，不如我煮碗猪脚面线给你吃。"小时候看港台电视剧不懂为啥一定要吃面，被哄的那一方便会开心，后来长大了觉得，能有人为你做一碗热乎乎的面条，里面加很多大补的食材，顶配的一碗面治愈了我们的胃，我们才有可能拥有顶配的快乐。

周末出去干活，看到很久没有去的兰州拉面，就进去点了碗牛肉刀削面，可能是很久没有吃了，觉得它简直是人间美味。晚上回去，路过乌冬面馆，你懂的，日式的装修风格总有昏黄的光，穿戴整齐的做面师傅，这些就会给那碗面很多的尊重和仪式感，然后你就觉得你得像模像样地好好吃那碗面。

去厦门出差，和同事去吃沙茶面，看着它们糊在一起，也吃出自己的小滋味，一帮人聊着吃着，有说有笑，我们被食物赐予了满满的能量。当年一起去厦门出差的同事，如今在身边的还剩一个，但是我会记得在厦门繁华的充满小吃的路边一起吃沙茶面的情景。

苏州的面条也是非常有名的，面条非常细，即使是一碗简单的酱油面，也是极其美味的。跟袁总出差，他一直称赞苏州人吃面，早上起床很多苏州人要吃一碗头汤面。另外苏州人在做面的时候酱油的运用也是一绝，在别处是吃不到的，再加一点胡椒，这口感绝了。我呢，还是很少吃面，袁总非要给我兑着汤料弄一碗，吃完一定要采访我的感受。当下吃完那碗热面，仿佛有了一身对抗世界的勇气。

在苏北地区流行一种叫长鱼面的面条。长鱼也叫软兜，也就是黄鳝。用昂刺鱼（黄颡sǎng鱼）炖汤，炖的连鱼刺都融化在汤里，汤特别白，配几片被料理好的软兜和韭菜，以及万能提鲜的胡椒面儿，这面也是很多人的最爱，我的朋友圈就有一批它的粉丝。

我回南京的话，很多朋友喜欢请我吃皮肚面。南京的皮肚面就是要配以大块的皮肚（干肉皮，是将鲜猪肉皮晒干而成），面呢必须是非常筋道的手擀面，里面还要有西红柿，青菜，杂七杂八一大碗，新街口到科巷还有明瓦廊附近有好几家不错的面馆。确实有一种别处没有的鲜美。

热干面也得记上一笔，在高铁还没有通武汉的时候，以前公司的小伙伴坐好长时间的火车从南京到武汉，只为了吃一碗热干面，吃完就打道回府，听完我都惊呆了，这是怎么样的一种吃货精神，热干面到底有怎么样的魔力？我第一次吃热干面是跟在武汉的小伙伴——喊子一起，她带着我们走街串巷地到了一个路边摊，给我点了一碗蟹脚热干面，据说这在热干面的配置中算是很不错的了。听说，大武汉的人们都要恰[1]一碗热干面过早。第二次吃热干面就真的是我的"深夜食堂"了，在武汉分公司忙了一天，没有给自己投喂什么食物，晚上在大武汉江边的小摊子上，和朋友喝着精酿啤酒就热干面，这是属于我们俩的友谊。

---

[1] 恰：恰饭是赣语、湘语、湖北方言，是吃饭的意思。——编者按

昨天去上剧场看《圆环物语》，有关饮食男女，关乎食物，关乎爱情，走的时候主办方给每个观众上了一碗蚵仔面线，吃完身心都满足了。于是，就有了这篇文章。

食物本身是没有情绪的，它是我们当下心情的映射。毕竟做人最重要的是开心嘛，愿你们吃到让自己开心的食物，睡到想睡的人！

一座城池·摇摇晃晃在人间

梁文道常说，每一次阅读都指向一次旅行。我早已不艳羡说走就走的旅行，但是总会期待每一次的出发，都有新的收获。

如果给你一次机会，选择中国的一座城市去生活，你会选择哪里？

我会选择重庆，因为这里有自由闲散的气氛，不紧不慢的生活，没有成都的商业化和程式化，就像GAI[1]爷的歌一样，老子活着就是要肆意开心，谁也甭挡着我乐意。晚高峰打了一辆出租车，司机师傅觉得不顺路，影响他吃饭了，便驱逐我下车。在上海司机怕是不吃饭，也要给我拉过去，毕竟一睁眼生存压力放在那里。

方所书店自然是要去一去，你知道它不会让你失望，但是你还是很想知道它到底可

---

[1] GAI，本命周延，中国内地嘻哈饶舌男歌手。——编者按

以惊艳到什么程度。你坐在方所的咖啡店里，点一杯手冲咖啡，看着人来人往，拿几本别处买不到的港台书籍，你看着对面轰轰烈烈满满当当的书架，内心特别充实。

杨绛先生在《我们仨》中描写一家人读书的场景，大意是：我们仨每人拿着一本书，居于卧室的一角，安静地读着书，间或抬起头，撞到彼此的眼神。在方所也有很多好书之人，沉迷阅读，抬起头来相视一笑。方所确实是个有点趣味、有点要求、有点考量的地方。书店的文创区和书的品类，在国内书店想来也是排名前列的。

摇摇晃晃坐了一个小时的公交车，很多年没有坐过这么久的公交车了。听着广播里面传来的重庆话，好巴适，耍一哈，亲切极了。终于到了川美附近的涂鸦墙，还是被小小地震撼了一下，连续好几栋楼都是满墙的涂鸦，好像伦敦的Camden Town[1]。路上会遇到全重庆最好吃的胡记蹄花汤，下午两点多，还是满屋子的人。

黄桷坪站，下了公交车，沿着坡路往上走，装置艺术的门口，看到四川美术学院几个字。它是中国八大美院之一，艺术气息自是不必说，进门各种雕塑，涂鸦，各种矮矮的房子，爬山虎布满了，艺术创作就该在这样的房子里，有大大的窗子，有岁月的流

---

[1]　英国伦敦四大古市集之一。——编者按

逝，有日月的交辉，有春夏秋冬的变换。走进川美你能看见一小撮建筑，那里是民国时期交通大学渝校旧址。后来交通大学分成了上海交通大学和西安交通大学。

重庆的美食自是不必说，吃在重庆真是幸福感爆棚！李记串串，本地人都说好的串串店，感觉自己吃了好多好多，而物价感天动地。吃串串必须得搭配个冰粉儿，解解辣。重庆小面才六块钱一碗，一早上吃六碗也不心疼，早饭还可以点一碗荣昌铺盖面，配上点豌豆杂酱，美味。铺盖面很宽，我怀疑是陕西的裤带面传过来的，因为这个重庆话发音问题，变成了"铺盖"。随便走进一家烧烤店，好吃到让你眼泪掉下来。陈友良尖椒鸡也要去尝尝，才不虚此行。绝味鸭脖和周黑鸭，在重庆美食面前，可能算是弱势品牌了。

重庆的火锅和四川的火锅总是要拿出来比较一番。个人而言，更喜欢重庆的老油火锅，在大重庆，四川火锅是没有办法立足的。重庆火锅是不添加香料的，靠的是食物本身散发出来的香味，所以重庆火锅吃完，身上一般不会有味道。四川火锅，因为不是老油，味儿是不够的，需要加一些香料。重庆火锅是平民文化，取材多是人家看不上的食材，进行加工处理而变得美味。包括桌椅板凳老灶，都是非常朴实的感觉。四川火锅就更加精细一些。而且你们吃过应该就会发现，重庆火锅是不收锅底费的，但是四川火锅是收的。

重庆的地名大约是全中国最直白的：滩、坪、坝、沱、湾，地名多以这些结尾，这些都表明一种地貌。重庆大概是最适合坐公交车去游玩的城市了，因为你能看到高高低低的地貌，看到山城棒棒，看到不经意的就多了一个建筑，看到轻轨在楼宇之间穿梭。在这座城市，高德地图被虐成渣，导航非常不好使，所以如果要出去游玩，问一问重庆的美女，她们会很热情地用重庆普通话给你指路。重庆的美女吵起架来，超高的八度，华少的语速，气势上已经碾压一切。

重庆这座城市，地理杂志上说：是一座对恐高症不太友好的城市。对，我就有恐高症，我在高的地方腿会一直抖，但还是要去李子坝八层楼高的地铁站看看，我还是要去坐长江索道。我想看不一样的视角，我想感受每一次战胜自己弱点的快感，这就是传说中的摇摇晃晃在人间吧。如果要去坐长江索道的朋友，一定要记得坐地铁先坐到嘉陵江对岸往回坐，不然江这头排队要好几个小时嘞。

要去去十八梯，感受下老重庆的气息。电影《从你的全世界路过》中白百何和杨洋有一场追歹徒的戏就是在这里拍的。要去嘉陵江边上看看，戏里小岳岳和柳岩表白的戏是在那里拍的。抬起头就是洪崖洞，感受那般的灯火辉煌，而你脚踏实地的在人间。

怪兽酒馆，据说是有民谣歌手驻唱的，我去的时候，没有什么人，想来顾客都是慕名而来的，点一壶青梅酒，聊聊人生，便都散去了。去坚果Livehouse看看，说不定有你喜欢的乐队，如果喜欢GAI爷，搜搜他常出没的酒吧，说不定来个偶遇，跟他说一句："老子吃火锅，你吃火锅底料，对你笑呵呵，因为我有礼貌。"

还有一些景点，攻略上会提及，但是从我个人角度来说，可以作为次选项。比如，磁器口就像西安的回民街，还有南京的夫子庙，上海的城隍庙，并没有那么的吸引我，就连卖的小吃都是一个风格的。解放碑在重庆没有高楼林立的时候，是重庆的地标性建筑，当解放碑附近的商场高楼建起来后，就变得非常普通了，甚至不太起眼。渣滓洞、白公馆是在一起的，如果对这段历史不太了解的话，建议请一个导游讲解下，不然自己也看不出所以然来。

站在观音桥附近，对面是一个很陡的斜坡，晚上很多车开着灯，向我俯冲过来，很有视觉冲击力，仿佛它们立马要汽车人变身了。

到处是火锅串串的味道，即使坐在星巴克附近，也有一种怎么是火锅味儿的抽离感，走过了一个又一个坡，从方所书店出来莫名转了一圈又遇到了西西弗书店，即使走错了路，你还是觉得，这座城市有那么多可以发现的美好。啃着十块钱三个的鸡爪，你就觉得幸福差不多就是这样吧。

一座城池，十二分的美好！

都市人的孤独形状

书读多了难免酸腐且矫情，有时候我也会唾弃这种气息。与不同的人喝酒，却也读出不同层次的孤独，有通透的，有拧巴的，有发酵的，有清冷的，品种丰富的好像面包房里的面包。

某天谈事情，遇上一个一九七六年生的中年文艺大叔，我们可能差着很多代沟，成长的地域也有区别，我们所涉猎的文学作品也不尽相同。这大概是我至今为止和他人最文静的一次交谈了。我想我还是要尊重前辈的，前辈滔滔不绝地讲了两个小时，大意是说：写手脱颖而出的十八种方法。中年文艺大叔极力推荐了陶立夏的《分开旅行》，说读出了华丽的孤独。我好奇呀，一般中年大叔们会推崇金庸、陈丹青、李敖之类的才子作品，彰显自己的文学造诣，可他推荐一个小妮子，内心深处可能少女心泛滥吧？

后来，我买了陶立夏的书，是有孤独的味道，甚至是清冷、寂寥的感觉。不是如朴树说的那般，孤独是三角形的。我觉得孤独是流动的，是某时某地都会发生的，你对着天空叹了口气，呼出的白霜，那就是孤独的样子。那本书里有爱情，有一种我喜欢你，但是我参不透你的决然，或许文艺大叔读出了自己。

而在我和文艺大叔见面之前，他好像遭受了一次心灵上的暴击，因为他听闻前女友生孩子了。他回忆说，在他的记忆里，他觉得他前女友绝对不是那种会结婚生孩子的脾气。于是他发了一个朋友圈表达情绪。生完孩子的前女友，一定无心顾及前任，毕竟带小孩是一个非常苦累的事情，男人们好像有时候总是高估自己在前任心中的地位。

我们分手了，我以为你还在原地，转身却发现你周边热闹，而我形单影只。

无人能懂，是另一种孤单，是自己想要洞见生命奥义。可是世界那么吵啊，牵绊那么多，心有太多纷扰，看不清生活，看不到未来是否有光，看不清自己想要什么。就要这样生活吗？这么迎合吗？就是要努力赚钱吗？世界浑浊浓稠，看不清每个人的样子，面具男女们苟且活着，无法参透自己，无法解释自己到底要走向什么样的远方。

比一个人更孤单的，怕是思念另外一个人了。思念就是孤单的深渊，像一个黑洞吞噬着你。偶像剧好就好在可以有多个视角围观两人的爱情。生活中的恋爱没有那么多的视角可供参考，你的思念是否抓耳挠腮，对方是否漫不经心，完全无从考证。

冬日，可能更容易体察孤单。苍茫天地，想说却没有说出口的话变成凝结在空气中的白霜，清冷的月光，刺骨的寒风卷起零星干枯的树叶，缱绻，像极了心情。透过月光，那光溜溜的树枝细细的、孤零零的。

冬天让我有一种在浪荡世界的心愿还没有实现，我就老眼昏花地颓了的感觉。每年冬天我都想归隐山林，赵老师说，我六根不清净，归隐不了！

叹气，犹见孤单！

梅子井的小院儿，有花有树，葱葱郁郁，阳光透过树枝的缝隙透下来，弄花了脸，却点亮了梦。

大理的孩子，很少是大理土著，而是想过闲散人生的都市人。可是何为闲散，人各有不同。大理是个产故事的地方，这些店家每一个都有一箩筐的故事。诸如，去年和男朋友来了这里，今年却分开了，然后拜托店铺老板，能不能帮忙寄一封信去挽回你的爱情。这种轻薄的仪式感，多半挽回不了什么爱情，多半是感动自己，而不能打动男生。

风花雪月也是由人审美而定，苍山洱海，月亮自挂天上，看到这些人们便心生美好的情感。景色的情感，都是由人赋予的。

他们每天正常生意，看着过往的妹子、帅哥，他们时不时撩一下进来的妹子，那是他们生活的一部分，毕竟大理太过于无聊，可是又眷恋这片闲散。我问六哥，为什么当下要骗我们聊天？六哥说，就觉得你们跟别人不一样，挺有意思的。这就是不期而遇，店家在导演剧情。

故事有的主角是曾经的自己，初恋，狗血，打架，支离破碎，因为这风月，修复了曾经的自己。或者听到客人酒后三巡的故事，发现居然比我的更狗血，幸福是比较级。故事的主角有时候是客人，那些失恋的，单恋的，不恋的，想念的可能会去某个小酒吧买醉，老板礼貌陪酒，客人也会诉说衷肠，陌生人而已，丢面儿的成本太低，说说也无妨。大梦初醒，也不记得昨儿瞎说八道了些什么，反正隔日醒来，大可不必认真。

"大冰的小屋"的树洞，那是盛产故事的地方，有人想说自己的奋斗，有人想说自己的过往，总之，每一个人都可以是主角。我愿意去花钱喝酒听故事，好像我自然地背负起这样一个记录者的功能。私心似乎有点重，"野孩子乐队"的老炮儿们会神出鬼没在一个九月的酒吧。大冰会在深更半夜出现在小屋的树洞，给我们唱过去的歌。天高，月朗星稀，悠远深沉的男声。

梅子井的小院儿，有花有树，葱葱郁郁，阳光透过树枝的缝隙透下来，弄花了脸，却点亮了梦，红色的、玫红色的花，在你的桌子旁边，对面坐着可心的人，只言片语，心照不宣，聊聊无关痛痒的话。年轻的我们，都是最美好的。

你出了尘世，便很难和这片土地再去链接。

而曾经喝着酒的，那些有故事的店家，会在酒过三巡时，跟你吹牛，那些半真半假的故事，便如水中月一样。抽离出故事中的自己，我们还是相安无事的路人。毕竟成年人的世界，太多的武装，穿上盔甲我们便没有习惯脱下。

你离开大理，人生便要另起一行。

3

不腻歪的
粉红泡泡

暧昧的七上八下

"那男的叫啥？"

"叫弯弯。"

"叫啥？"

"叫弯弯啦。"

"这，他到底哪里'弯'？你们还搞一起？！"

"我最近算了一卦，那个神婆说我的结婚对象，性格内向，在外话少，面对熟人话多，性格倔强，大男子主义。这么看下来简直就是弯弯本尊了！"

"那，所以呢？"

"所以，咱们跨年去厦门吧！"

"厦门？这地方我去过N次了你也去过N次

了，到底有什么值得在跨年的时候去的？"

"你就说你去不去吧。"

"我不去。"

我掐指一算，此事定有蹊跷。肯定是奔着那个叫弯弯的直男去的。

我反过来问丫，丫说，怎么可能呢？你想啥呢？（此处留作日后打脸。）

丫找了一堆幌子，自己去工作去了，还路边随便找了一小孩就拍照，发朋友圈，还定位，说自己在厦门美好的夜色中之类云云。

这条朋友圈就显得很重要了，定位尤为重要。出差在厦门的弯弯上线了。

"在厦门吗？要不要一起跨年？"

小鱼抱着手机屏幕乐开了花。来就是为了这句话，剧本里面本来的设定也是这样的，女人在谈恋爱的时候，自己既是导演，也是演员，就看对方配不配合演出了，愿意配合了还有三分情谊的暧昧。

当然这些话，小鱼在计划的当下是绝对不会跟我透露半点剧情的，毕竟要是失败了，我可以笑她一整年。

"你当时咋想的？"

"他出差都好久了呢，好久没见面了，要是能见面了，那就是完美。要是见不着呢，我只能自己矫情在剧本中，默默地在同一个城市，想着能跟他呼吸同样的空气也挺好的。"

距离小鱼发完朋友圈有几个小时了，因为没有接收到"有效信息"，她就自己去了鼓浪屿。去过厦门的人都知道，去鼓浪屿需要坐渡船。一个女生，孤身一人去厦门找爱情，在坐船的那个当下，爱的那个人的人影还没有出现，她自己漂泊在海上……多像偶像剧的设定，这个时候必须放一个全景，背景音乐就是《漂洋过海来看你》，再切一个近景，是女主角失落的脸庞。

戏剧冲突往往就在这里，手机必须在这个时候"叮咚"那么一下，打破气氛，手机上写着："你在厦门哦?你不会是来找我的吧! 你晚上有工作吗？有别的安排吗？"

小鱼内心："老娘就是来找你的，我漂在前不着村后不着店的海上，你才给我来信息，你干什么吃的？"

但表面当然得Peace&Love。

"没有啊，我来工作。我现在在去鼓浪屿的路上。"然后录了一段汽笛声。毕竟说专门来制造跟你的偶遇的这种话，小鱼是开不了口的。

我后来逐渐知道了弯弯虽然生理上很"直"，但是脑子很对得起这个外号，很弯，宛如山路十八弯。当然，两人暧昧的时候就是这样啊，想让对方知道自己的心意，又怕吓着对方，又着急着让对方知道，又小心翼翼地呵护着。

莫名想起小学读的《西厢记》。张生真是生猛，拿着凳子就翻墙了。在封建社会，他已经做得比现代人优秀了。

弯弯就绕着弯儿说："你要是在岛上就注意安全啊！不要来回跑了。我明天一早还要工作，没办法见到你咯，抱歉哦！"

你能体会到这种大写的失落吗？明明来就是来见他的，什么各种客观外部条件，给生生掉回去了。小鱼算是硬气了一回。发了个生气的表情，管点用，对方立马一个定位就发来了。爱情的力量让小鱼的脑子开足了马力，就往弯弯身边撞啊！

小鱼说："我到楼下了！"

弯弯说："你等我下！"

弯弯喊了声小鱼。弯弯头发还在滴水，他穿拖鞋就奔出来了，丫洗澡洗了一半。

总觉得，此刻应该响起一首 *You Are My Destiny*。

他们坐在沙发上有一搭没一搭地聊天。

"好喜欢元旦哦！"

"为什么呢？"

"因为，有仪式感。还有四分钟哦！"

时间到了零点，弯弯举起酒杯说："新年快乐！"

小鱼的阴谋得逞了，元气满满地说："新年快乐！"

此刻，她一定觉得自己的幸福像是要溢出来一样，人生如此圆满。

酒店外放起了烟花，他们一起站在窗前看着烟花，很美，就像此刻的心情一样。

这一天七上八下的心情，就是暧昧。

不要给爱扣太高的帽子。

厦门一别，又是数月过去了，都市人的恋爱都跟玩儿一样。不是必需品，是奢侈品。你看着他们建立联系，有一丝丝眉来眼去的劲儿，但出差外派，工作进修，就把那刚建立起来的眉来眼去，吹散到视野之外了。

鱼小姐被外派到"帝都"工作数月，被关在一个鸟不拉屎的地儿，好几环以外。弯同学这一钢铁直男，被派去USA了。

时差加上两人超负荷的工作，眼瞅着这一出老鹿蹒跚的戏就要被距离整"黄"了。小鱼这两个月来跟我聊天的内容除了养生和保持女人的性吸引力以外，没有一点儿关于恋情的消息。我偶尔斗胆问两句，一看小鱼敷衍的劲儿，我就觉得他俩凉凉了。

小鱼自从这爱情的小火苗熄灭之后，就非常在意保养这件事，我们谈论的话题从男人转移到了整容。我一"钢铁直女"，基本上对于最新的整容技术一无所知。他俩绝对是"友达以上，恋人未满"的后遗症，病灶一样，病根也一样。

等我俩扯完整容的话题之后，我们又换回男人的话题了。撇撇嘴，"真俗。"小鱼猫着说，"能不能给我介绍一个男人？"天呐！剧情走向这么突然，这就告别错的要和对的相逢了？

我搜搜朋友圈的男人，发给她一些照片，聊以慰藉。

她悻悻地说，"我大概就是要放弃弯弯了。毕竟现实摆在这里，我们俩连个见面时间都没有，谈什么恋爱啊！"

这大概就是现代人的恋爱吧。并不是真的佛系，是自己都顾不过来了，哪里还有时间和精力修整一块广袤的土地，让心爱的人儿生根发芽呢？

"弯弯给我发信息了。"

每当收到这个信息的时候，我八卦的脸就再现江湖。

"他好讨厌啊，我都决定要忘记他，另起一行了，为什么他又出现了！"

"那他说了什么？"我八卦的本质当然是了解细节。

"他说跟我相处很舒服，我对他是很重要的人，不是不在乎，是很多事情没有想明白。开始的开始，他想很慎重。"

你是要跟他这么厮混下去吗？还是就把他拉黑了？

小鱼超级没有出息地说："他噼里啪啦发来一大段话，我看完之后，特别感动也特别茫然。"

"你这个意思就是，你还是要跟他发展下去咯？"

"他说'你得把我当成一只猫。我的猫爱上别的猫了，但是我还是得爱我的猫'。"

"你懂他在说什么吗？"

"可是我也是一只猫啊！"小鱼愤愤地说。

"两只猫在一起要怎么恋爱呢？我本质上是一个薄情的人，爱少得可怜，仅有的一点爱，要放在哪里呢？"

对啊，要放在哪里呢？是一个辽阔又亲密的距离，但是并不妨碍我喜欢你，就这样。猫是如何恋爱的？一只猫要走进另一只猫的心里需要很长时间，它们敏感而独立，它们需要很多很多的爱，你跟它玩儿的时候，它全情投入。你不跟它玩儿的时候，它在角落也会很好。猫们爱嫉妒，我的领域是不可以允许其他猫进来的。

放眼去思考一段男女关系，我们彼此需要什么呢？答案是什么都不需要，理由是我们都能很好地照顾自己，那就更自由地恋爱吧。

不要给爱扣太高的帽子。因为本着负责的态度，我怕彼此失望。如果不怀揣着非常大的希望，那么这段爱情就是自然而然地发生，不为什么，就为了好好爱一次，这种爱是不是很高级？

像两只猫的恋爱，是现代人的温情与善意。

三年多过去了，那些劣质的口感和酸涩的气味都挥发掉了。我相信时间的力量，更坚信爱情的美好。

醉后给别人打电话，我好久没干过这样的事情了。

我也很久没有接到别人醉后给我打的电话了。

有一天，小鱼喝完酒了，醉得不省人事，给一心爱的男士打了一个电话，絮絮叨叨，说了一堆表白或者委婉表白的话，这是我猜的。

我说，你丫够了，能不能不要这样没有出息。

她说，因为我恋爱了，是不是特别神奇！

"谈恋爱倒是不神奇，你一把年纪谈恋爱还一副少女怀春的样子，在下实在是佩服。你知道你这叫什么吗？"

"老鹿蹒跚！"

"这词儿什么意思啊？你倒是说说啊！"

"这词儿啊，说的就是你们这大龄青年，经历过一波又一波恋爱，不比年轻时候小鹿乱撞了，心脏也不是那个心脏了，只能蹒跚了。"

我嘴上笑着吐槽，内心还是觉得无论在哪个年龄段发生的爱情，都是非常珍贵的东西，只要是恋了，甭管小鹿还是老鹿了，心脏看到喜欢的人之后，老爱乱溜达，这种情愫激起来的荷尔蒙就是很美。我认识小鱼这么些年，我俩互相称"哥"，在我们强悍的世界里，策马奔腾。这回之后，我看到了小鱼珍贵的柔情，仿佛周身都散发着圣母玛利亚的光芒。

你说不清道不明她的变化，你就是觉得她是美的。

我天天跟小鱼聊天，我说，"别说了，务必拿下，这个时候，为了全垒打，谁还不是个心机婊啊！"

我天天给她出主意，她天天带我出去兜风，胡吃海塞，开拓思路。这个结果就是，我俩的革命情感日渐牢固，她的情感问题，进展龟速。

"你告诉我，问题在哪儿啊？"

她说，"我们在一起就没话说了，好像，隔着手机屏幕还行。"

"你还有社交障碍啊？还是咋的！你试着撒撒娇呢！"

小鱼同志，赌上一辈子的节操也干不出这事儿。

我一直觉得，谈恋爱会让女人变得柔软。但是我觉得小鱼像一个战士，就是时刻准备上战场的感觉。

我说："你这样哪里有戏啊。没有互动谈什么恋爱啊！你以为你是一独角戏演员，下面是观众，你演完了，你心爱的人就来献花啦，没有的事儿。"

男人和女人对待爱情的感知完全不同，或许大家都不知道自己真正喜欢的人会是什么样的。但是，不喜欢的人分分钟就能择出来。

我说："那你拨通了电话，说了些啥啊！"

她说："啥也没有说，一直哭一直哭，说啥完全记不清了！"

"不是酒壮怂人胆吗？喝完该说的不该说的，痛痛快快的！那些清醒时候说不出来的肉麻玩意儿，都得借着这酒劲儿才行呀。"

"说的就是呢！可是我接通电话后就一直哭，当时旁边十来个围观我的人。我老觉得这些话吧，就该清醒的时候说，才会是表白应该有的样子，喝多了说，那就是傻×本人了！"

"你哭完啥感受啊，爽吗？"

"就觉得狂丢人，正常人干不出这事儿了！也就是我了，现在那人要是站在我面前，我是没法直视的。"

"我去，合着您演独角戏啊！"

"也不是吧，我啥情况你也了解了，我反正堵在心里的那些一直想对他说的话，反正老娘说了，就会变得释怀一点点了。"

我一直在琢磨她打这电话是什么感受，那些在心里排练很多很多遍的话术，那些打了很多次腹稿的表白词，最后有悉数地表达出自己的心意吗？对方能明白吗？那一刻，饱满的情绪会在说完之后，空虚的犹如事后烟一样吗？还是电话接通的那一刻，你那鼓起的十二分勇气，就像被扎的气球，瞬间就瘪了？或者紧张地开始了大型的诗歌朗诵现场比赛？是把高中语文课本要求背的文言文都来一遍，还是大段地背诵英文台词？还是就是哭？那边的电话也没有挂，听着你哭，他陪着你，不为别的，就为再也回不去的青春。

小鱼说："我认识你的时候，用劣质的青稞酒泡了整整一坛杨梅，当年选的是八月宁波新鲜的杨梅。"

"你想表达什么？"

"三年多过去了，那些劣质的口感和酸涩的气味都挥发掉了。我相信时间的力量，更坚信爱情的美好。"

"你品品，它很柔。"

每个人的青春里，可能都得有一段醉酒后打电话给别人或者接别人电话的经历吧。

不管最后你们有没有在一起，数年之后，你可能历尽千帆，阅人无数，但那个醉酒后给你打电话的人，会是你记忆中无法忘记的纯真。

我本来给她起的化名叫米粒，那丫不满意，喝着酒隔着屏幕跟我说："老子要叫小鱼。"

我说："为啥？"她说："我有一天去逛菜市场，看见一条鱼，奄奄一息。老板一瓢水，那鱼就扑腾扑腾两下好像在说'你看你看，我还活着！还活着！'每次我想放弃了，他就会做点让我放不下的事情，不让我死，又肯温柔豢养我。"

爱情啊爱情，人都被你鞭策得诗意绵绵了。

错过还不是因为屁

今天是情人节，对吧！

小鱼同学在华北平原出差，大为称赞，有暖气，一级棒！

然后就开始哼哼唧唧。

"野哥，情人节快乐啊！"

当时，我在谈一个项目，匆忙打发她。

"好的，你也快乐！"

"我不快乐！我没有情人！！！"

这几个感叹号传递出来的失落以及内心哼哼唧唧的别扭的情绪，远在江浙沪包邮区的我，也被波及三分，赶紧安慰她！

小鱼说："但是，我刚才厚着脸皮给他发了

212

一个比心，我现在非常忐忑了，但是我还是做了！"

基友这个时候最需要做什么？是鼓励啊！

我赶紧说："很好，你非常勇敢，爱就爱了，思念就思念了，要表达！"

"是啊，我豁出去了，还有比一边打电话一边哭那次还丢人的事情吗？懒得想那么多了，反正想了也没有用。"

明明内心戏很多，嘴上却云淡风轻，看淡一切的释然样。

我连忙说："不会的，不会的！你做得很好！恭喜你啊，你终于从那个小黑屋中走出来了。"

那个"小黑屋"是什么呢？

姑娘们喜欢一个人的时候，总觉得自己这里不太好，那里不太好，莫名其妙地变得谨小慎微，总想着以更好的姿态出现在他面前。平日撒娇的、娇嗔的、撒泼的、活泼的那个人变得好像爱琢磨了，爱琢磨他到底喜欢什么呢？微信发出一个表情都要反复斟酌，标点都带着语气的设定，一句语音都在心里演练数遍。可是，他如果喜欢你，即使你傻得冒气，他都会用怜惜的眼神看着你。

很奇怪，喜欢一个人就会让自己变卑微。平日里，这丫没少嘲笑我，这会儿跟丧家之犬一样，神气的样子荡然无存。

她心事重重，我既心疼又会觉得这是她该经历的东西。我很想冲到那个男生面前帮她问，"你到底喜不喜欢我们小鱼啊？你到底在想什么？"可是我干吗要做这样的事情？感情是他们两个人的事情。

小鱼觉得她没有完全从"小黑屋"走出来。自从上一次打完电话后，她觉得是不是她和那个男生之间没啥可能了，有一种"撒手人寰"的感觉。那个傻到极致的电话都打了，释然了！

这孩子语文是体育老师教的吗？撒手人寰这样的词汇，用在这里。那她是用怎么样一种绝望而又坚挺的心情在情人节那天给对方发过去一个比心的表情啊？

我说："你每次笑我的时候那么猖狂，你看看你自己尿成什么样了？发个比心？自己是紫薇附体了吗？"

"好纠结啊好纠结啊！！！感觉好多女生喜欢他啊！会不会每天都有小姐姐跟他说'小哥哥我爱你'之类的话啊！"

当你觉得他是个宝贝的时候，未必全世界的女人都会觊觎他，OK？真当他是手心里的宝啊！每天脑子里还有那么多假想敌，不累吗？那些个跟你有什么关系啊？啥都没有干呢？就把自己吓死了！

小鱼悻悻地说："嗯，我的对手其实是不知道他心里到底想些什么。"

爱情开始前所有的暧昧难道不都是开始在这里吗？猜来猜去，苦思冥想，小心暗示，生怕你不知道那些个我的小心思，对方反射弧稍微长一点，你这一头，就急得如热锅上的蚂蚁了。其实，也就是你发了个比心，对方五分钟未回复，你好像是过了一个世纪一样漫长。

小鱼说："哎，这算恋爱吗？一点都不好玩，都是好痛苦的回忆哦。"

终于，等到对方回复你："情人节快乐啊！"你拿着手机傻笑半天，就停留在这个页面，来回翻看，更期望他还会有下一条回复吧！只见对方"正在输入"了半天，为什么还没有发过来一条信息，又开始想"他到底是在编辑什么啊？"

痛苦？可是你的描述都是幸福的字眼和词汇，以及傻呵呵地笑啊。哪里痛苦啊，你现在还在拉扯中啊，等你过了这一关，走入了人生的下一个阶段，再去下结论吧。那个时候的你，才会是稍微理智的情绪。

把我们交给时间吧，时间会给你答案！

"我吧，觉得跟他聊天不如跟你聊天开心。"

我嘚瑟道："废话，我就是一相声演员，说话都不带落地的，能一样吗？！"

"我今天给他发了信息，他回给了我一个表情。我觉得答案已经很明显了？是不是就是答案了？我觉得我内心有答案了，你觉得是不是啊？！"

她已经语无伦次了，车轱辘话来回说。她此时的心理情境，犹如拿一朵花摘花瓣寻求问题答案一样，没什么意义。主要就是为了碎碎念，释放心里期待得到答案的紧张心理。

"话说，妹子，这都是你的单方面猜测，不是答案，好吗？"

"不是已经很明显了吗？这答案还不明显吗？你好好想想理性客观地回答我。"

我内心无比嫌弃，啥玩意儿，自己思路混乱成这样，要求我理性客观地回答？你平时跟我不是叭吧叭吧很厉害的吗？怎么碰到他这么尿啊？

"怎么办呢？我跟他在一起就会很拘谨。我不知道我是因为有压力还是真的没有话题去说。我哪里知道啊？反正就是没话说啊！你说，他是不是懒得搭理我啊？！"

我换了一种战术，我说："我觉得是这样的，他一定是懒得搭理你了！我看他在网上很欢乐啊，各种和其他人互动，发各种生活照片、视频。你也别想了，你们不适合，都没话讲了，还谈什么恋爱啊。"

这一招莫名有效，她话锋一转，理性多了并且坚定多了。

"虽然，我觉得我可能知道答案了，但是我还是想看看，他出差回来会不会跟我好好聊聊。如果他找我聊会说点什么。"

"那我也没什么好说的了，毕竟你也没什么别人可以思念了，你就继续坚持吧！也没啥别的方法了。"

"所以，我就很难过啊！"

"有什么好难过的，这就是你该经历的，也让你知道知道，什么叫错过，什么叫爱情，什么叫无力，什么叫无奈，什么叫无能为力。"

我真是绝啊，总说这么丧的话，其实我压根儿不知道他们的感情发展到啥程度。可是，爱情这东西，最不是努力就会有结果的事情。你小时候可能还天真地觉得，哎呀，我只要对那个男生好就行了，或许我们就会在一起了。长大之后才发现，两个人最后要在一起，是多么不容易的事情。

"可是，可是，我也不知道坚持的意义是什么。"

学会爱一个人，这是你该经历和习得的。你觉得有意义就有意义，你觉得没有意义就没有意义，原本很多事情就没有意义，所谓事情的意义都是人来设定的。

不甘心，那坚持等答案就是意义。

"我不会主动，我也没怎么主动做什么，不知道要做什么，感觉做什么都不合适。"

实际上，爱情从未平等。总有一个人极力地去把这个事情撺
起来。

"可是我还是很难过。问题是现实干扰因素太多了，你能想象得
出来怎么撺吗？"

"如果，一方的工作很忙，总得有一个人付出更多。你这样的情
况，就是得你主动，看过《妻子的浪漫旅行》吗？学学程丽莎，
主动，奉献。"

"我已经很主动了啊，都是我去找他的啊！"

多主动算主动啊，你觉得自己已经尽了所有的努力，实际上呢，
你的付出顶多算是，我坐在沙发上，想拿茶几上的纸巾，最多伸
伸脚就够过来了。这叫啥努力？你屁股挪了吗？你就说自己主动
了、努力了、尽力了？

"你就是拿着矜持说自己已经放荡不羁了，啧啧啧，见不得你这
种小媳妇的样子。"

当然，我不知道他们后来聊了什么。她这种纠结映照了很多在
暧昧关系中的男男女女的心理。哪有什么错过，会离开的都是
路人。

总有一个勇敢的人对另一个人说："今天是情人节，我想你了，
你呢？"

抽空谈恋爱

其实技巧从来都是锦上添花的东西，认真对待这份感情的心才是最重要的。

小鱼和弯弯的恋爱节奏，像玄学。

风云变化，摧枯拉朽，飞沙走石，让我感叹偶像剧都没有如此的戏剧冲突。小鱼经常给我发来关于他俩情感走向的微信，多为三个字后接一些感叹号，感叹号的数量由当下的情感成反比，简言之，越严重，越没有感叹号，你可以理解为，绝望的时候，是没有符号可以表达那种心情的。

在我频繁地收到小鱼的"又吵架了"的短信之后，我决定稍微掺和一下这两位把恋爱谈得跟过家家一样的男女主的日常生活。

后来，我参悟到一个真理，就是在当代人的心中，宁愿被工作累死，也不愿意被恋爱尴尬死。大部分的中国孩子，都是在父母的批评中长大的，变得不够自信，这种卑微感在两性关系中被无形放大了，因为这段关系中只有两个人，如此很多人不知道如何处理两性关系。简言之，你别看那些个都市人在工作中人模人样的，一旦置于爱情的语境，莫名就不知道如何表示了，沟通？撒娇？在相处的时候，多喜欢简单粗暴的方式，需要即时反馈，比如两人吵架了，生气了，第一个反应是分手，不要继续了。

上一辈的两性关系，一般是：经人介绍，差不多就行了，打死不离婚，一切为了孩子。他们的婚姻模式，多半可以理解为搭伙过日子，类似于合伙人模式。这种两性关系会因为没有共同的三观、爱好的支撑，在中年呈现"丧偶式"，到老了发现折腾不动了，也就和解了。在子女教育上，往往是"丧偶式育儿"。这对长在新时代的"85后"们，没有太多的参照价值。我总觉得参照上一代人的模式，婚姻爱情都不是必需品，没有，也行，有了，更好。

小鱼和弯弯一吵架，两个人就越说越气。弯弯说："你要相信我，我是因为工作太忙了。"小鱼说："我总觉得你外面莺莺燕燕没断过。"这种典型的吵架语境是：男生希望好好工作，尽快能给女方一个好的未来；女的更在意当下感受，总觉得他不太在意自己，恋爱没有诚意。

文化背景的差异，成长环境的差异，带来思维的差异，表达模式的差异。小鱼觉得自己要展现新世纪的独立女性形象，遇事咔咔就给你整了。不用担心我，我非常能搞定自己，啥都不是事儿。弯弯觉得，我作为男生应该照顾你啊，否则要我干什么？我会很没有面子啊，那谈什么恋爱啊？

这有毛病吗？没有啊，但是情侣争吵，通常都是这么抬杠抬出来的，大家都希望对方理解自己的立场和出发点，对方都是站在自己的角度去构建理想关系。然后，两人吵架的时候都觉得是对方不懂自己。可是，对方为什么就应该天生懂你？你自己活了一辈子也未必懂自己，一个才跟你相遇的人，就得百分百懂你的眼神、话语？这在大概率上是不现实的。所有好的情感，不是妙手偶得，而是巧手经营。

时代在进步，人的素质在提升，恋爱的方法论，也可以做一些迭代升级。非要用那些个"一哭，二闹，三上吊"的把戏，电视连续剧看多了的现代年轻人也是有一定好坏标准的。所以，在恋爱的早先时期，我们要做的事情是构建语境。一旦双方遇到事情产生了分歧，首先应该表达感受，其次，要抛出问题，第三，寻求彼此认可的解决方案。比如，本来定好的帮一方庆祝生日，因为另一方公司突如其来的状况，没办法进行了。如果对方生气了，当然是可以理解的，毕竟很早就开始准备了。

等另一方把应急的事情处理完了，生日庆祝"放鸽子"的事情当然可以拿出来说一下，比如："我的情感上，当时挺难受的，但是想想你也没有办法，所以，你现在要怎么补偿我一下嘞？"这就是在抛出问题，寻求一个双方都认可的解决思路，如果对方在点子和创意方面不如你，你倒是可以拿出几套你最近想要做的 Dream List，供对方选择。这样就构建了一个相对和谐的语境。

很多人说，我磨不开面子。是因为自尊不允许你撒娇，不允许你看起来很在意对方。一直端着，计较得失，无法有一个平等的语境，这样的心态，可能很难拥有一段好的恋爱。亲情友情爱情，不管是哪种情感，都一样，所有的事情发生在这些情感关系之间，都是催化剂，可以让关系瞬间分崩离析，也可以让关系更加牢固，区别就是彼此的沟通效果。

我给小鱼上了两次"爱情辅导课"。她看起来明朗多了，重新构建了他们在吵架之后的沟通方式和话术技巧。其实技巧从来都是锦上添花的东西，认真对待这份感情的心才是最重要的。想想弯弯要过生日，小鱼绞尽脑汁想要给对方惊喜的样子，我只能说，每一个谈恋爱的女生，都是闪闪发光的元气少女。

我们活在这个世界上，从未逃离的东西叫：关系。任何两个相遇的人，都会产生一种关系。

可以跟对方说："请多关照。"

也可以摆摆手说："后会无期。"

在一起的荒诞，不在一起的遗憾

别谈爱情，太贵。

求之不得，惦念，最好。

今年刷的第六部话剧是《暗恋桃花源》，因为在结尾有一些感动，流了些许不值钱的眼泪。

你不得不感慨，大时代背景下普通人的命运如蜉蝣。江滨柳和云之凡几十年不得见，所谓无奈，不过是这样。每个人都在书写历史，只是大部分人在历史的长卷轴上是微不足道的，而你做了一些足够改变世界的事情，你的小历史才会被人偶尔谈起，茶余饭后。

谁不曾想，人和人某一次的再见，就是真的再也不见。四十年后，云之凡看到江滨柳的寻人启事，女主角找去男主角在的医院，他们已年过花甲。最美的情话不是我爱你，是绵长的思念更与何人说。他们略显拘谨地促膝而坐，说了些不痛不痒的话，是因为漫长等待彼此消息的这四十年，不知道该从何说起，三言两语，一笔带过，遗憾遗憾。

女主角说了两次，我该走了。

男主角诸多不舍，汇聚成一句不肯死心的："这么多年，你有没有想过我。"

女主角沉默一秒，"我给你写了很多很多信，哥哥说别等了，再等就老了，我老公人很好，我真的得走了。"

老袁和春花。打鱼的老陶当下是糟心的，饼不是饼，酒不是酒，自己的婆姨不是婆姨。老袁和春花眉来眼去，热闹着，骚动着。那是因为想而求不得，便骚动。当老陶走了，他们没羞没臊地在一起以后，鸡毛蒜皮甚至鸡飞狗跳的荒诞就出现了。

你看见了老袁和春花喜欢的放肆，也洞见了江滨柳和云之凡爱的克制。情不知所起一往而深，心热与心冷，都在戏里见。

心热如胡兰成与张爱玲，一九四四年胡兰成第一次从《天地》第十一期读到张爱玲的《封锁》，便为作者的笔调所感动，一回上海就去拜访张爱玲，虽日后二人有诸多不堪，但初见张爱玲，他便对张爱玲说："即使你是个男人，也要把能发生的关系都发生了。"张爱玲在照片的背面也曾题过字："见了他，她变得很低很低，低到尘埃里，但她心里是欢喜的，从尘埃里开出花来。"

张爱玲一生也有三段恋情，但是唯独写胡兰成事无巨细，不厌其烦到每个细节。她会收集胡兰成的烟头，全部放到信封里，两人一起不说话，也依旧万千情愫在眼中流动，掩饰不住的爱和美好。

欣赏这种心热，低到尘埃里。如果她是男人，也要去找她，把所有能发生的关系都发生了。

我们会欣赏爱情的美，因为惦念，因为想有，因为好像是那么回事，而于我们自己似乎从未发生。现代人多心冷，盘算着，你家几套房，几辆车，父母何地高就，对方工作是否体面，谈何爱情，不过是明码标价的物物交换。一旦用数字去衡量爱情，爱情便像糊了层狗皮膏药，纵使有那么层美好，也千疮百孔，看不清原来的面貌。

听闻，周围一些朋友又离婚了，我以为是因为爱情，内心说是佩服这种选择的，在这个直男的社会，有女性为了爱情奋不顾身，敢与世界为敌，敬佩这样的勇气。细一打听，不过是为了一个有钱的男人。我们显得奋不顾身，感动自己，那看起来在这个时代鲜有的爱情，不过是逐利路上的一条捷径。

别谈爱情，太贵。在一起的，荒诞；不在一起的，遗憾。

求之不得，惦念，最好。如张爱玲之于胡兰成，林徽因之于金岳霖。

后人多半没见过这种痴情，世人也鲜有为之，便心心念念，歌
颂他们。

问世间有多少『友达以上，恋人未满』

我们没有发展成爱情，暧昧也是一种纪念。

人在回忆某段感情的时候，会加很多内心戏，叠加很多自己所期待的感情色彩，像拍照片的滤镜。大家追忆的时候，自带很多假设，很多人会叹息说，某某与我擦肩而过，我觉得他还是挺好的，罗列出一些他的优点，顺带着些许遗憾，扼腕叹息，脑子里想着如若和他在一起的故事，蒙上玛丽苏剧情，或许我们在一起的话，结果也会很好吧！

而我觉得现实中没有那么多"友达以上，恋人未满"的剧情，所有的错过都是必然，是一个成年人权衡比较后做出的理智选择。现实中没有那么多"程又青"和"李大仁"的故事，他们的故事不过是万年"备胎"熬成婆。

通常两个人的遇见是这样的，猝不及防，心生欢喜，源于一种新鲜感，跟我们以前遇见的人不一样，他身上有某个打动你的点，你觉得他好特别啊，一见钟情了。或者感觉自己遇到了相似的灵魂，一种惺惺相惜又欣赏的感情升起。你把自己带入了某个想象，他应该就是你的梦中情人，他是你的脑子里构建出的"人设"。如你所知，"人设"太过完美，一定会崩塌，所以在相处的过程中，你会感受到他与你设想的差距。

当出现差距的时候，你的内心就会出现选择，选择继续包容还是放弃，大部分的"友达以上"都折在这里。爱情悲观主义者的恋爱之路，通常折在试探观察期，对彼此宽容些的、坚持些的则容易折在磨合期。还有些人说服自己，要不然就凑合凑合过吧，继续往下走吧。

多情总被无情扰。有的人一旦瞄上了自己喜欢的类型，不自信的人，就会选择屃屃地不说，因为不说还可能和他做朋友，一旦说了就无路可退，被拒绝的话就只能形同陌路了，毕竟再见面双方都尴尬。迟疑，犹豫，打了无数次的腹稿，最后还是烂在了肚子里，渐行渐远渐无书。时机太重要了，因为遗憾，就会惦念。珍藏在内心的某个小角落里面，疲倦的时候，或者跟现任没什么感觉的时候，就到这个角落中透透气，做着如果换成他或许现在的生活不是这样的梦。

这份不知道能不能称为爱情的感情，没有给你足够的勇气去克服心里的小恶魔，无法表达，那种想表白的欲望没有达到最大值，所有的说不出，全部都是你后退的借口，就是不够爱。所以，你要是错过了，心头热两天，也没啥值得可惜的，过两天头脑冷静了就都好了，顶多算是肾上腺素离家出走了，去了不该去的地方。

就算在观察期觉得对方各方面都挺好的，是在一起啊，继续暧昧啊，还是放弃啊？发展成爱情势必变味，没有成为爱情，暧昧也是一种纪念。现在的人，要不忙着夹缝里求生存，要不忙着日进斗金，情爱这种东西太浪费时间和精力，想想就可以了，没本事耍流氓那就不要当情圣。

我们每个人的内心都住着两个自己，一个具备着文艺的附着感，一个有着面对现实的妥协力。文艺的你，期盼着，上帝啊给我一份美好的爱情吧，如书中写得那样。现实的你，看清自我，绝望的想，要不就凑合着过吧！

那些走过你身边的人，有的成了你的前任，有的变成了你的摆渡人。世事如书，而我正好读到你这一句，愿待在你的身边，做一个逗号，我不是你的朗读者，我只是个摆渡人。

你得习惯，一切都能说散就散。

这见鬼的爱情

有些人所谓死心塌地地喜欢对方，到底是喜欢他，还是喜欢跟那个人在一起时绝对付出的自己呢？

怎么安慰被同一个男人劈腿两次的女人啊！

在线等，急！！！

要怎么安慰，我脑子飞转。但此刻我的脑子里只有："八戒，你可长点心吧！"

我曾无数次地安慰过这样的同胞，有男有女。过往经验是，越说道越带劲儿。没啥用！被甩后的第一重心境就是全盘自我否定。

女人心里想：一定是我不够好，脸蛋不够美，身材不够棒，不够年轻。才会被劈腿，像我这样的女人还有谁要呢？过了这段时期，我得疯狂减肥，学化妆，研究穿搭，要变好看。

从个人成长的角度看，女人失恋一两次没啥坏处。就如"鸡汤"所说，你失恋了，能遇到更好的自己和认知到那孙子的"渣"了。

男人心里想：一定是我不够帅，不够高，不够有钱。然后笃定地认为前面两个不重要，主要是因为自己没有钱。

从个人成长的角度看，男人失恋一两次也没啥坏处，他可能就能找到活着的意义，努力赚钱，给下一位更好的生活。再也不是守着贫穷却说着要给女人幸福的那位Boy了。

我问："为啥有的女生会在一个不咋地的男人身上回头两次啊？"大家会说感情这件事啊，一物降一物。主动回头的那一方通常更具智慧，因为显然要找个好下手的啊，胜算要高一点啊，不然如何找寻这种存在感啊！

我说："那你回头是因为这男的有钱了？"

"没有啊，就是能每天给我哄开心了！"

这都什么年代了，男人的嘴就是骗人的鬼啊。她这智商也够呛。她就是喜欢上了没有办法啊！我虽然也不知道怎么安慰她，但是总觉得该说点啥。

问题来了，有些人所谓死心塌地地喜欢对方，到底是喜欢他，还是喜欢跟那个人在一起时绝对付出的自己呢？

我很怕安慰低自尊的人，我不知道该说"没关系你会碰到更好的"还是"那个人很'渣',通常被无辜甩的那方都是在心里幻想对方的好"。低自尊的人的主观就是否定自己,因为自己不好才会被劈腿。他们再遇到下一个人的时候,可能会把自己放得更低,一旦遇到问题,条件反射就是自己的问题。

我也很怕安慰小时候没有感受过温暖的人。他们对人的要求很低,生活若有一点甜就满足了。在他们的世界里,表面的平和温暖就足够了。可生活,绝对不是表面的事情,在一起之后是两人所谓的三观在相处。

我说这个人应该很善良,对人要求不高。

她说是的,可能小时候得到的太少了,所以稍微遇到一个有点好的人就想抓住吧!

有时候我们感叹善良的人没有好的结局。因为,活着不仅仅是靠善良,还需要一点智慧。

你说失恋了,别人怎么安慰你呢?爱情啊有时候就像智齿,拔了你就更美了,更健康了。有时候也像阑尾,割了,就健康了!鲁迅先生写祥林嫂让我懂了,世上不会有人一直为你的悲伤买单,有些人活着就很艰难了,我们都需要阳光雨露,萌发希望。

世界上有两样东西的属性很像,一个是鬼,一个是爱情。前者闻之令人恐慌,后者闻之心生向往。大家都是俗人,我还是期望你们被爱情砸中吧!

汉语说"见鬼了"有两层意思，

第一是指，离奇古怪的事情。见鬼了，怎么就让我碰到了？！

第二是指，死亡或者毁灭。就让那些个令人糟心的男人或女人，见鬼去吧！

有一段话给失恋的傻姑娘们：

此后余生，

我希望我们的关系就像，

广州的北京路，

北京的广州路，

没有任何关系。

陪你度过的
漫长岁月

大部分男人是欠的，年轻时候一边享受着姑娘视他如真命天子的好，一方面又觉得要放荡不羁爱自由，去看看别的花花草草。

S小姐的情史，看着比她的脸的层次还要丰富，即使你不相信，也不得不叹服她撩汉的功力。总是看似不经意的一句话就让男人上钩，我感觉自己那么多风花雪月的故事白读了，我的功力没有达到她一成。

语言上的巨人，行动上的矮子。大概就是形容我的。

时间是一个刻度工具，它在记录，事情都不可逆，你们作过的死，恋过的爱，都在那个刻度上。当你是被分手的那一方，你总想说，做一个了断吧，可是对方心里可能三百年前早已自行了断，真的到了不得不说的那天，你不过是一个被通知者。

S小姐是被通知的那一个，在她不安全感升

华的学生年代，在她人格养成不充分年代，她喜欢上了一个当年被称为"男神"的家伙，而我未知"男神"当初为何选择她尚且不知，她幸福且兴奋地迎接着这一切，然后死心塌地。分分合合，作死，相爱，不知所为，分居两地，移情别恋。这样一去五年，光辉岁月。

第一次见到S小姐，觉察她并没有好好地、足够深刻地谈过恋爱的痕迹。她说，你错了，五年！但是，我嗅不出痕迹，我说肯定别有故事。果然不仅异地，还跨国呢！中间我们聊过一些关于她的细碎过往，关于那个"男神"男友，难以支撑起我对这个故事的想象，不够完整，看不出端倪，但能够洞察出爱。

生活的奇妙在于剧本不是我们去写的，能不能在有一个巨大的句号后，另起一行，也得看天时地利人和。爱情剧本之于生活，之所以不够狗血，还不是因为偶像剧要有足够的戏剧矛盾，给你多视角阐述，把所有人物的内心活动都外化，然后多维度制造巧合。可是现实是啥呢？你根本不知道对面人的内心活动，更不知道怎么去制造偶遇，偶像剧里制造的偶遇，搁在现实生活中那就是心机啊！

大部分男人是欠的，年轻时候一边享受着姑娘视他如真命天子的好，一方面又觉得要放荡不羁爱自由，去看看别的花花草草。总以为自己的行情会一直很好，啥时候都有人当他是手心里的宝。真的，无论多矮穷矬的男人，都有这样从骨子里透出来的谜之自信。

是的，这个故事在S小姐归国之后，就结束了。毕竟，"男神"要去看看世界上其他的花花草草，要奋斗自己的前途。后来，他们断断续续联系过几次，总是好像要复合了，"男神"又放弃了。这样断断续续的桥段，一定是一方有情有义，而另一方享受被人仰慕的感觉。

S小姐偶尔还是眷恋他，觉得自己爱情这门课没有修好。其实爱情，跟学业不一样，我们以为努力了就会学有所成，努力了就会毕业，哪知道，爱情这门课复杂多了，我们常常拼尽全力，觉得自己做到最好了，结果只剩用力那方的心心念念的"和你一起躲过雨的屋檐"。

"男神"经过岁月的鞭策，不是男神了，变成了一个油腻的男子。他还是会自信于S小姐对他的爱，因为那些机票堆积出来的爱情，有时候似乎还说明曾经爱过。他曾经吐槽的那些作死的小情侣们，纷纷都修成正果。他回来找S小姐，他兜兜转转这么久，可能还是没有再遇到如S小姐对他那般好的女生。

他请S小姐吃当年他请不起的高档餐厅。他冲向爱马仕买了一瓶香水，用力地放到S小姐面前。是吧，她一定会感动吧！可是S小姐早就不是那个在他面前怯懦的小姑娘了。这个系列的香水S小姐都有。S小姐发了张"男神"送礼的照片给我，"他居然挑了个最便宜的。"这个爱马仕早已能说明一切。

他啰啰唆唆地说着自己这些年经历的事情，如何变有钱，如何变强大，自己当初多蠢啊，应该和你在一起的……未完待续的故事，不知道能不能称为爱情。

相传有一只鲸，它叫声的频率一直都比别的鲸要低，这样就没有其他鲸可以听到它的声音，它就是那个化身孤岛的鲸，很多年后，它终于找到了和它在同一频率的鲸。

每个人都是孤岛，我们总是在期待，也相信，相似的灵魂终会相遇。

解风情和解扣子

很多人说，社交软件是杀时间的圣品，而我却觉得社交软件里面承载的是年轻一代的慌张和迷茫。

我一直好奇那些用社交软件约P的人是如何跨过尴尬的见面场景，直奔主题的。两个成年人一见面，就知道下面的剧本怎么写了，写完了，就相安无事地各回各家。也对，用户体验在很多时候非常重要，Practice makes perfect，还是得多练习才对。

我跟诗人朋友探讨，我说我想找一男闺蜜，因为我觉得必须得有一个人帮我从男性的角度去解读这个问题，这样看问题才会丰满一些。诗人说："哎哟喂，姑娘，你不知道按图索骥的事情是最难办的嘛！男人找对象，要肤白貌美大长腿，找到之后，发现五官是合了，三观却是颠倒的。她一身貌美的皮囊，一心想着要用性资源变现，以为多睡几个就能财务自由了。"

虽然我不认同这种价值观，但是不得不说，对于些人来说，性资源是与生俱来的最能快速变现的资源。嘿，你还真别瞧不上，你就不一定豁得出去。当年我在青岛出差的时候，被一个夜总会的人看上，说我"你条件不错，要不要去我们夜总会上班。"我当时在巡查门店，他一直追我后面游说。那个时候我刚毕业，表面上故作淡定，但是内心已经炸了，怎么还会有这种操作？！

诗人说酒肉朋友最靠谱。有酒肉，有朋友，简单直接。我觉得他是瞎说，要是不把你当朋友，我可能连坐着好好跟你吃饭的耐心都没有。诗人说："你怎么那么矫情，反正你都是要吃饭的。"我就觉得我宁可一个人高傲地发霉，我也不想叽叽歪歪两个人尬聊。而且，我有一习惯，一些私事，如果别人不说，我也不问，我不需要知道那么多的无用信息。如果我对你感觉还行，那么就可以做普通朋友，如果还能嗅出投缘的味道，那就可以做个知心朋友。实际上，很多人都有一些不想跟他人提及的过往，非要去问，是很傻的行为，一点边界感都没有。

我Boss让我们研究社交软件的用户应用，我和我的小伙伴们就下载了市面上我们能想到的所有软件。我们发现约P这件事没有我们想得那么容易，也很杀时间啊。比如，我们得左滑右滑先找到看顺眼的，关键是货不对板的现象太多了。我和我的小伙伴测试一个APP，说是有一个虚拟房间，六个人可以一起互动，避免了一对一的尬尬。我们点击了一个腹肌与荷尔蒙齐飞的一张照片，我们准备和他组建一个房间玩狼人杀，高潮来了，等我们视频的时候发现，哎哟，我去，货不对板了，男生长得胖乎乎的。我们笑着说为什么你跟照片不一样啊！对方瞬间把我们踢出了房间。

社交软件都是类似的操作，就是对着一张张照片左滑右滑，要双方都喜欢才行。我注册个其中一个软件，发现我一下午被一千六百个人喜欢，打招呼没有一个成功的，简直太假了。还有的软件是留学的人们爱用的……

其实也未必说所有用社交软件的人，都是抱着约P的心态，有时候可能只是为了认识新朋友。我一朋友就用软件约到了自己的偶像，我的天，这是我认为最酷炫的事情！他们见面吃饭喝酒聊人生，也挺愉快的。但是，偶像慎重地说："你一定不要跟别人说咱们是这么认识的。"然后回去非常谨慎地把记录给删了。另外一波"神操作"是，两人用软件约上后，变成固定P友，然后变成男女朋友了！我一直在想一个问题，他们会不会有信任危机？如果是这么变成男女朋友的话。

如果是纯粹用这些社交类软件去解决生理问题的话，是不是就应该让性回归性？我理解的朋友之间，或者是情侣之间的沟通、互动，应该是解人意的，解风情的，最后才会是解扣子。

解人意，意思就是我说的你明白，如果还能用赞赏的态度去对待，那算是解人意了。其实，这也挺难的。如果你们说话永远感觉词不达意，那么就要一方表现出极高的情商和理解力去明白另一方的意图，或者你们即使互相看对方不爽，但是有一万条你们要合作的理由也得让你不得不跟这个傻×聊下去。有个词儿叫善解人意，这词儿就是对一个人情商、洞察力、理解力侧面的赞赏。你们想想，你们周围如果有这样善解人意的哥们或者姐们，你一说啥事儿，他就懂，这多难得，你得珍惜。

解风情，然而我们老是说不解风情。那么到底什么叫解风情呢？你能够体会对方话里的情趣、意趣，并能和对方形成良好的互动。这个就很难了，因为理解意趣、情趣已经是相对高级的操作了。你还得用更有趣的方式去迎合对方，这样眉来眼去，才能情意绵绵。谓之，解风情。

解扣子，是利用社交软件最直接的操作。好的，此处省略五百字。

关于操作流程的问题，正向操作，解人意，解风情，解扣子，是比较一般的交友手法，可能到解人意这一步就得过滤掉很多人。最后真正成为情侣或者夫妻关系的，常常惦念的是暧昧时期。所谓暧昧，就是心弦上的那根线不断拉扯，对于大多数人来说，是极美好的回忆。

所有生活的意义，都是被人赋予的，就像我们小时候做的语文阅读理解题，总是妄图揣测作者的心思。不管你是先解风情还是先解扣子，愿你享受美好。这个世界的神奇在于，有些人总在期待爱情，却总遇到P友。

愿你善解风情也善解扣子。很多人说，社交软件是杀时间的圣品，我却觉得社交软件里面承载的是年轻一代的慌张和迷茫，你有你的慌张，我有我的迷茫。

我想和你虚度时光

不是所有的年岁都能读《瓦尔登湖》，青春时候曾数次打开这本书，但都未细细读到结尾。毕竟热烈的青春，是不能容忍这么寡淡的日子的。

不是所有的年岁都会想着在酒过三巡后，拿出一本诗集，高声朗诵，去体味不一定为人所知的美丽。

不是所有的年岁都能懂得美，京剧昆曲西皮二黄咿咿呀呀，交响话剧三幕五场辗转，所要表达的是怎么样一个戏谑的世界。

我们在这个功用的世界，被数字肢解。你们每天一睁眼就得"征战"，有没有一瞬间是想虚度时光的，叹日月交辉，看清风圆月，来往熙攘的人群，演绎着各种故事。

去贝克街221B看你们的"夏洛克"，排队的多是些中国人，冗长的队伍充斥着大碴子味儿普通话，让人瞬间失去了兴致，远远看看，算是到此一游了。一路闲散穿过牛津街，满大街的中东土豪，保时捷，玛莎拉蒂，踩足马力，骄傲地从你身边呼啸而去。

一路走过去，海德公园到处都是遛孩子的父母，看书调情的大学生，还有小松鼠，它们时不时跑到人面前卖萌吃着东西。到处都是鸽子，天鹅。我可能中了梁朝伟的"毒"，他散心从香港打飞的来伦敦喂鸽子，那得是怎样洒脱的心境啊？时不时骑马的人从我身边一骑红尘，不可不谓之潇洒。

英国人民真的没有那么热爱赚钱。我去牛津，铺子在下午五点就都关门了，我下午五点半后在牛津走路都跟进了鬼城一样，没人。有一次我下午四点五十五的时候去了一家店铺，人家店员直接跟我说："小姐，我们下班了。"

要说英国人民热爱什么，真的很热爱下午茶和在公园晒太阳啊。跟英国人民喝下午茶，最重要的问题就是加不加奶，传说你看英国人民表面上彬彬有礼，骨子里可八卦着呢，跟房东太太头一回聊天，就问我喝茶加不加奶。问你加不加奶，就是考验你土鳖不土鳖，因为真正的英式贵族喝法，都是要加奶的！

有人推荐我去哈洛德（Harrods）[1] 看看，进去一圈被闪"瞎"

---

[1] 哈洛德百货公司，位于伦敦，以销售奢侈品为主。——编者按

了，加上之前要买的东西每天都陆续买了，便提不起多大的兴趣。对面的甜品店有不少人围观，甜品长得确实精致美味。我进去点了一壶茶，几块甜品，然后观察英国人，满眼的淑女绅士范儿，即使是一把岁数，老太太的打扮着实考究，帽子一丝不苟，套装整洁，恰到好处的收腰。如果我六十岁的时候，还是这般好看，拥有历久弥坚的美，那定是极好的。人总是要定一个高高的Flag，然后尽力前往。

我学习的地方，在大英博物馆附近，可以每天都去遛弯儿。大英博物馆太大了，下课就去遛弯儿，遛了好几天，还是云里雾里的。里面的藏品不可谓不多，还是需要做一些功课的，不然也就看看热闹。博物馆对面，最牛的还是CoCo奶茶，卖得比星巴克都贵。

Covent Garden[1]，离我学校也很近，步行大概几分钟就到了。那里面虽然有点庙会的感觉，会有很多的街头艺人在那里杂耍，据说女演员汤唯很落寞的那段时间，就是在这里做街头艺人。这里还有很多英国品牌的特色小店，如果要送东西给朋友，可以在这附近挑选，有乐队在这里演奏《一步之遥》，吃饭也多了份愉悦的心境。

Covent Garden附近都是剧院，之前有人推荐说要去Royal

---

[1]　科文特花园位于伦敦最繁华的西一区，有丰富的人流量和优越的地理位置。——编者按

Theater，搜寻半天确实有一家，走进去跟店员买了一张最近能看到的演出——*42nd street*，其实是百老汇的经典曲目，下午四点多开始演出，先去觅食，然后稳稳当当去鉴赏这部经典的歌剧。

我被震撼的是，一个普通的工作日下午，话剧院里面满满当当的人，老人小孩男人女人。在国内，我经常去的上剧场，常常有半场空位。旁边的妇人，看着像是大学老师，有学识的那种优雅，我便和她攀谈起来。她给我介绍了这部剧目的各种细节，剧目开场后，我惊讶他们对于看剧的热情，在精彩的地方一定会有鼓掌口哨，甚至站起来报以久久的掌声。剧场的布局一如《歌剧魅影》，豪华的水晶吊灯，圆形的观影席，配以现场的乐队演奏，满屋子的热烈的观影人群，那种气氛深深地感染了我。

去英国一定要去看场球赛，不管是真球迷还是伪球迷，附庸风雅也罢，看帅哥也罢，该感受还是得感受。上一回看球是什么时候已然忘记，不过对于我这种看热闹的人来说，怎么都好。托朋友借了张会员卡，不仅能便宜些，还可以坐在很好的位置。球迷朋友们兴奋地说："你运气超好的，阿森纳[1]的主场。"然后我还看到了让大家兴奋的桑切斯。然而作为一个伪球迷，得买一条阿森

---

[1]　阿纳森足球俱乐部是英格兰顶级联赛英格兰超级联赛二十个足球俱乐部球队之一。——编者按

纳纪念版的围巾，红白相间加上队标，总要有一件东西肤浅地证明我来过。

Emirates球场的汉堡，大概是我印象最深刻的。领我去的小朋友是资深球迷，我每一次来，都会见她，我们已然都是老朋友了。见面就是一阵热情的碰撞，老板的脏辫相当有个性，手艺也是非常娴熟，十二磅一个牛肉汉堡，跟一帮人一起吃显得相当有氛围。老爸们纷纷举着自己的孩子，一旦赢球就一阵狂亲自己的孩子。球赛结束了，球迷们久久不肯散去，每一个球员都有对应的进球后的歌曲。球迷们唱着今天进球的球员的歌，齐声合唱*Hey Jude*，即使你是一个冷静的旁观者，也会被感染到高声合唱，融入他们。

散场坐地铁回去，随着大部队人群，被挤进了地铁站，忘了刷卡，然后，被罚款扣了全程的价格，肉疼。

我想念这种虚度的感觉，因为无所事事，时间的维度变得特别长，没有国内每天十几通的骚扰电话，我在异国他乡到处晃荡。

以下摘自未出版的旧文，姑且作今天这个散淡小文的注脚吧。

你是你的七月，也是你的安生，

你有你要问候的家明。

你说困顿得好像又虚度了一年的时光，

你说那些无形的牢笼将你温柔豢养。

你说你想看看Sherlock的贝克街221B，

你说唐顿庄园似乎看起来那么美好，

傲慢与偏见的达西少爷也在那个国度。

一身文艺，一眸深邃，随性放空，

说走就走的旅行，去伦敦喂鸽子。

日不落的辉煌浓缩在大英博物馆的馆藏，

不列颠的文明在泰晤士河流淌，

浓烈的英伦生活从High Tea[1]开始，

或者康桥才是中国人的温柔乡。

[1]　英式下午茶方式之一。——编者按